四球机及其应用

主　编　宋世远
副主编　陈召宝
主　审　李子存

中国石化出版社

内 容 提 要

本书首先介绍了四球机的结构、主参数的测量控制、四球机的检验等内容，旨在使读者对四球机的机械、电子系统有一定了解，为四球机的维护、维修奠定基础；本书详细介绍了四球机试验的标准方法及试验注意事项，使读者正确理解四球机的有关试验方法，保证测试结果的准确可靠；深入探讨了四球机在油品质量检验、油品研发、柴油抗磨性、内燃机油抗磨性、油品性能对接触疲劳的影响、用改装四球机评定油品剪切安定性、变速变负荷四球机试验等方面的应用，使研发人员合理利用四球机开展新油品、新型添加剂研发，建立新试验方法，以及油品的质量监督。

本书可供四球机生产企业、油品及添加剂生产厂家、油品使用单位、油品质量监督检验部门、有关高校以及从事摩擦学研究的科技人员和检测工作的实验人员阅读。

图书在版编目(CIP)数据

四球机及其应用 / 宋世远主编.
—北京:中国石化出版社,2016.4
ISBN 978-7-5114-3878-2

Ⅰ.①四… Ⅱ.①宋… Ⅲ.①四球机 Ⅳ.①TE969

中国版本图书馆 CIP 数据核字(2016)第 073017 号

中国石化出版社出版发行

地址:北京市东城区安定门外大街 58 号
邮编:100011 电话:(010)84271850
读者服务部电话:(010)84289974
http://www.sinopec-press.com
E-mail:press@sinopec.com
北京科信印刷有限公司印刷
全国各地新华书店经销

*

700×1000 毫米 16 开本 8.75 印张 159 千字
2016 年 4 月第 1 版 2016 年 4 月第 1 次印刷
定价:32.00 元

Preface 前言

四球摩擦磨损试验机(简称四球机)是评定各类润滑材料的极压抗磨性、减摩性以及从事摩擦学研究的最常用仪器，具有操作简单、实验成本低、测定速度快等突出优点，在基础油、添加剂、复合配方性能评定以及油品质量监督检验等方面使用广泛，也是进行摩擦学理论研究的最常用工具。

四球机是国内外评定润滑性仪器中保有量最大的设备，特别是在我国，更是各类润滑性评定的首选装置。为了保证测试结果的准确可靠，首先要保证设备准确可靠、使用正确，遗憾的是部分实验人员对仪器性能不了解，对实验方法理解不准确、操作不规范，数据处理不正确。部分从事润滑产品研发的科技人员对四球机的评定指标理解有偏差，导致评定项目与油品性能要求不适应。因此，我们编写了《四球机及其应用》，旨在使科研和使用四球机的人员合理利用四球机开展新油品和新型添加剂研发，建立新试验方法，以及油品的质量监督。

本书由后勤工程学院宋世远教授担任主编，济南舜茂试验仪器有限公司陈召宝高级工程师担任副主编。第一章由陈召宝编著；第二章由宋世远和后勤工程学院徐景辉硕士研究生共同编著；第三章由宋世远和后勤工程学院杜鹏飞博士研究生、管亮副教授、吴江博士、梅林副教授共同编著。后勤工程学院李子存高级工程师对本书进行了审阅。

由于作者水平有限，错误和不当之处在所难免，敬请读者批评指正。

宋世远

Contents 目录

第一章　四球机的结构及参数控制

第一节　引　　言

四球摩擦磨损试验机于 1933 年起源于美国，是目前国内外使用最广泛的润滑材料润滑性能评定设备。虽然摩擦磨损评定试验机种类繁多，如销–盘、法莱克斯轴与 V 形块、环–块(梯姆肯)、SAE、Amsler 双辊子、FZG 齿轮等，但是由于四球机结构简单，试验费用较低，精密度较好，可以用来研究各种润滑剂的极压、抗磨和减摩等摩擦学性能，所以其仍然是目前世界上应用最广泛的摩擦磨损评定装置。

我国自主品牌的四球机形成商品化生产始于 20 世纪 60 ~70 年代，最具代表性的是以下两种机型：一种是 MQ–12 液压式四球摩擦试验机，由济南材料试验机厂于 20 世纪 60 年代初期研制生产；另一种是 SQ–Ⅱ吉山杠杆式四球摩擦试验机，由广州机床研究所于 20 世纪 70 年代初研制生产。目前符合行业规范，受到业内用户广泛认可的四球机制造商，都沿袭了这两种机型并在此基础上不断完善提高。新中国建国初期，为了满足我国生产和科研的需要，四球机主要以进口为主，主要品种有西欧的希尔杠杆式四球机、前苏联的液压式高速四球机、日本的神冈液压式四球机、美国的法莱克斯气浮式和杠杆式四球机。20 世纪 80 ~90 年代，是国产四球机发展的黄金时期，在济南试验机厂、厦门试验机厂、中国石化石油化工科学研究院、兰州炼油厂、后勤工程学院、广州机床研究所等四球机生产企业、应用企业以及高校和科研单位的共同努力下，四球机的制造和应用达到了较高水平，这一时期国产四球机完全满足了国内需求。到 21 世纪初期，由于市场经济的发展，国内出现了一批生产四球机的中小企业，这一时期四球机产量急剧上升，却出现了无序竞争状态，产品质量参差不齐，为国产四球机的良性发展带来了负面影响，也为润滑剂的评定带来了混乱，此时进口四球机数量又有所回升。随着行业的发展完善和几十年的行业积淀，随着我国工业从粗放型向集约型发展，随着质量、效益和可持续发展逐渐形成社会共识，国产四球机的发展一定会正本清源，迈上一个新的台阶。

第二节　四球机的结构及原理

一、四球机的基本原理

四球机是以四个标准 ϕ12.7mm 试验钢球为摩擦副，在点接触、纯滑动的接触和运动方式下，按照不同实验方法的实验条件评定润滑剂的极压性、抗磨性和减摩性及其他摩擦学性能。

具体组成是上钢球通过弹性夹头固定于主轴锥孔内，下面三个钢球用油盒固定在一起，四个钢球在试验油盒中以等边四面体排列，通过杠杆或液压、气压加荷系统自下而上对钢球施加一定负荷，试验过程中 4 个钢球的接触点都浸没在润滑剂中，见图 1-1。在特定的负荷、转速、温度下运转一定的时间，通过下面 3 个钢球上产生的磨痕直径或运转时的摩擦系数等参数，根据相应的试验方法，对润滑剂的各种摩擦磨损性能作出评价。

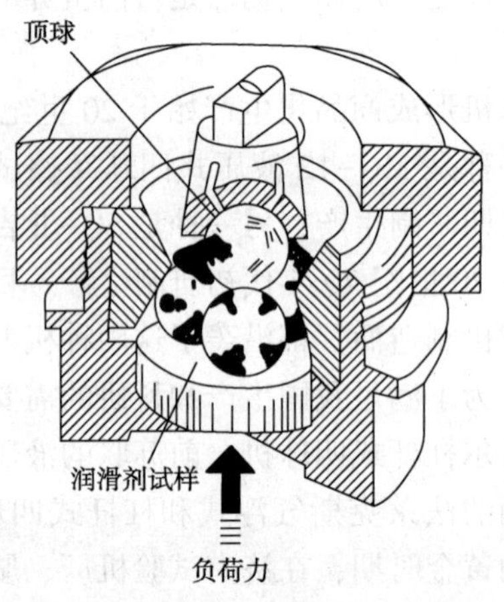

图 1-1　四球试验机示意图

二、四球机的分类

按照试验力加载方式可以将四球机分为：液压式(气浮式)四球机、杠杆式四球机、机械弹簧式(简称机械式)四球机。表 1-1 是液压式、杠杆式和机械式 3 种四球机的参数对比。从表 1-1 可以看出，这 3 种类型的四球机各有特点。从技术参数上看，液压式四球机载荷大，自动化程度高，操作方便，试验力可以无级加载并适时测量，除了能做四球标准试验，更方便功能扩展，开发一些非标试验，缺点是结构复杂，制造成本较高；杠杆式四球机采用杠杆砝码加载，虽然结构及操作简单，但加载不方便，适合做四球标准试验。机械式四球机载荷小，灵敏度高，适合做长磨试验和摩擦系数测量试验，不能做极压试验。

表 1-1　各种四球机主要技术参数比较

指　　标	液压式四球机	杠杆式四球机	机械式四球机
加载方式	液压无级加载	杠杆砝码有级加载	机械弹簧式无级加载
加载原理	帕斯卡定律	杠杆原理	胡克定律
主要用途	极压试验	极压试验	长磨试验
加载范围	40~10000N	49~9800N	10~1000N
结构	复杂	简单可靠	较复杂
影响试验力精度主要因素	油缸与活塞的摩擦	油盒副盘与导向套的摩擦、杠杆的水平、刀承刀刃	油盒副盘与导向套的摩擦
操作性	操作简单、方便	操作复杂，需手动加减砝码	操作简单、方便
低载荷灵敏度	灵敏度较高	灵敏度低	灵敏度高
程控加载	可由计算机按一定的载荷谱程控加载	不能	可由计算机按一定的载荷谱程控加载
载荷控制方式	可手动或计算机自动两种加载方式	手动加载	可手动或计算机自动两种加载方式
摩擦力传感器	294N	196N	49N
主轴转速控制	无级调速	无级调速	无级调速
温度控制范围	室温~250℃	室温~250℃	室温~250℃
烧结夹头拆卸	方便	不方便	不做烧结
主轴驱动	台钻式电机通过皮带轮驱动	立式电机直接驱动	台钻式电机通过皮带轮驱动
电机振动对主轴振摆影响	影响大	影响小	影响较小
油盒可升降距离	可升降距离长	可升降距离短	可升降距离较长
磨斑测量	显微镜或影像式 CCD 两种测量方式，油盒不拆卸直接测量。	显微镜或影像式 CCD 两种测量方式，油盒不拆卸直接测量	显微镜或影像式 CCD 两种测量方式，油盒不拆
软件功能	功能强大，使用灵活方便，可对试验力、转速等进行程序控制，易于使用功能扩展	无法对试验主要参数试验力进行程序控制	功能强大，使用灵活方便，可对试验力、转速等进行程序控制，易于使用功能扩展

1980年中国石化石油化工科学研究院的韦淡平在对四球试验方法(润滑剂承载能力测定法)的精密度进行考察时，对液压式和杠杆式四球机的精密度进行了深入研究。当时由中国石化石油化工科学研究院统一组织，在北京、天津、沈阳、本溪、茂名、抚顺、兰州、独山子、广州、济南等地各单位的四球机上开展精密度协作试验，考察四球试验方法(指润滑剂承载能力测定法(四球法))的重复性和再现性。具体试验是选择了8个试样，其中6个润滑油，2个润滑脂。参加统计试验的四球机有：6台MQ-800型液压式四球机(济南材料试验机厂产)，5台SQ-II型杠杆式四球机(广州机床研究所产)，2台SQ-III型杠杆式四球机(厦门试验机厂产)。试验方法按照部标SY2665—77(即GB/T 3142的前身)，7个试样做P_B、P_D、ZMZ三个指标，1个试样只测定P_D、ZMZ。这次协作试验统计出的P_B、P_D、ZMZ三个指标的重复性和再现性，成为了确定润滑剂承载能力测定法(四球法)精密度指标的依据。同时通过这次协作试验还得出了以下结论：杠杆式四球机与液压式四球机之间存在着系统误差，液压式四球机试验的精密度高于杠杆式四球机试验的精密度。

此后很多年没有进行全国性的四球机比对试验，直到2012年由中国石化石油化工科学研究院评定中心杨鹤在对GB/T 3142润滑剂承载能力测定法(四球法)进行重新修订时，组织国内有代表性的四球机制造商和各行业的重点用户参加，进行了两轮四球机比对试验。最终试验统计结果还没有公布，这两次试验结果将反映出我国当前四球机制造及应用水平现状。

按照使用目的可以将四球机分为极压式四球机和抗磨式四球机。两者的一般区别是极压式四球机的负荷范围较宽，测量精度较抗磨式试验机要求低，而抗磨式四球机要求在低负荷长时间条件下运转，故要求设备的测量精度较高。该内容详见本章第三节四球机的参数指标。

三、四球机的摩擦系统结构

四球机作为润滑剂摩擦学性能的重要模拟评定装备之一，目的是用标准化的结构和方法模拟润滑剂在摩擦学系统结构中的润滑状态，通过施加不同的工作条件，来测定润滑剂的承载、抗磨、减摩等性能。H. Czichos在“摩擦、润滑、磨损技术的摩擦学基本参数”的论文中，将摩擦系统归纳为四个基本单元，见图1-2。其中1单元和2单元是材料副，即摩擦副，3单元是材料副之间的界面和界面上的介质，4单元是环境。这个系统的操作参数是运动形式、施加的力、温度、速度和应力持续的时间。摩擦计量参数如摩擦、磨损和温度等参数可从应力面获得。摩擦计量参数是表面和接触几何形状、表面负荷或润滑剂黏稠度等(相互作用参数)众多指标的产物。这一系统涉及多学科的交叉和应用。

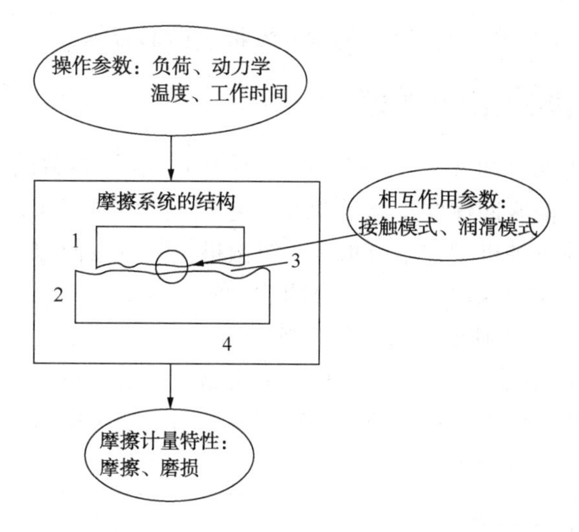

图 1-2　H. Czichos 的摩擦系统结构图

1、2—材料副；3—界面和界面上的介质(润滑剂)；4—环境

目前被广泛应用的各类四球机，按照 H. Czichos 摩擦系统结构理论同样可以归纳为 4 个单元，见图 1-3，其中 1 和 2 是四球摩擦副，3 单元是四球接触表面及待评定的润滑剂，4 单元是工作环境，如环境温度、湿度、空气或真空和氮气等试验环境。这一系统中包括①操作参数：试验力、转速、转数和试验时间等；②相互作用参数：四球点接触、滑动摩擦、润滑状态等；③摩擦计量特性：磨斑

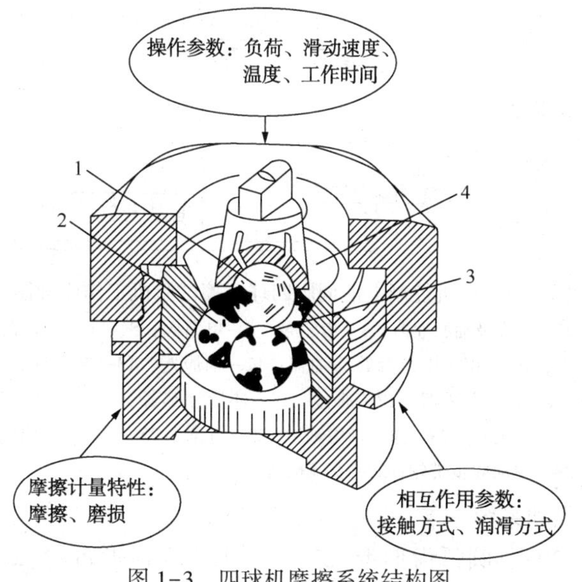

图 1-3　四球机摩擦系统结构图

大小、摩擦力矩(摩擦系数)、摩擦温度、摩擦表面形貌等。

四、四球机的工作原理

在各种类型的四球机中，不管是从系统结构，还是参数的测量控制等方面看，微机控制电液伺服四球摩擦试验机是测量控制参数最全面，技术含量较高，测量控制较先进的一种机型，本节重点介绍微机控制电液伺服四球摩擦试验机的工作原理，对杠杆式四球机仅作简单介绍。

1. *微机控制电液伺服四球机工作原理*

微机控制电液伺服四球机主要包括主轴及驱动系统、液压施力系统、静压轴承系统、摩擦副及摩擦力测量系统、温度测量控制系统、试验环境控制系统、计算机测量控制系统，见图 1-4。

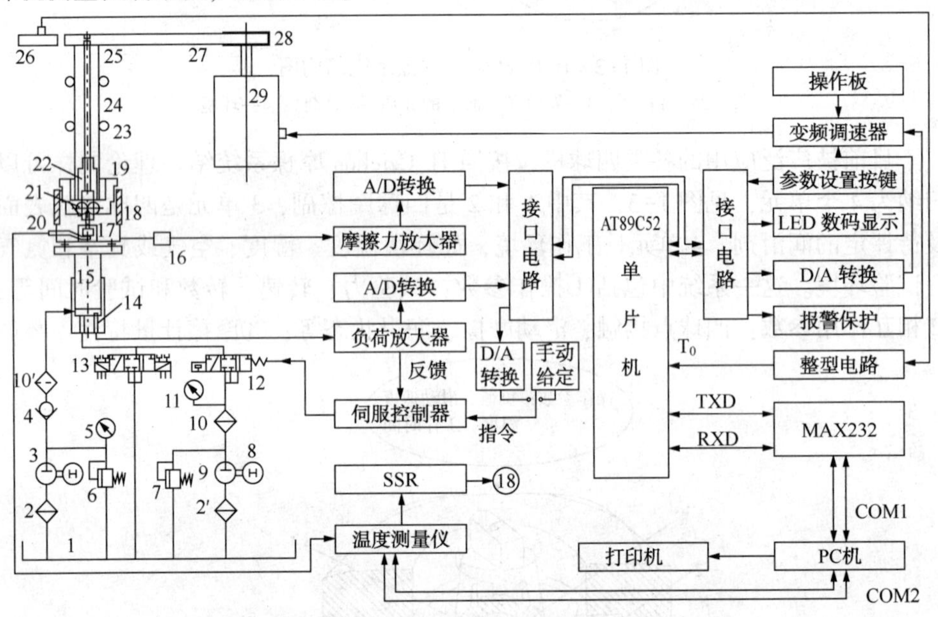

图 1-4　微机控制电液伺服四球摩擦试验机工作原理图

1—油箱；2、2′—网式吸油滤油器；3—齿轮泵；4—单向阀；5、11—压力表；6、7—溢流阀；8—电机；9—柱塞泵；10、10′—压力管路滤油器；12—伺服阀；13—换向阀；14—液压传感器；15—油缸活塞；16—摩擦力传感器；17—油盒；18—环形加热器；19—压环；20—温度传感器；21—标准钢球；22—弹簧夹头；23—向心推力轴承；24—主轴；25—从动同步带轮；26—转速传感器；27—同步带；28—主动同步带轮；29—交流电机

(1) 主轴及驱动系统

由交流电机(29)、圆弧齿形带(27)、圆弧主动齿形带轮(28)、测速齿轮和

从动同步带轮(25)、磁电转速传感器(26)、主轴(24)、一对向心推力轴承(23)及主轴转速测量控制系统和主轴转速测量显示系统等组成。主轴转速的控制采用的是交流变频调速控制器，它可对电机(29)进行无级调速，电机再通过一对圆弧齿形带轮(25、28)和圆弧齿形皮带将转速传递到主轴(24)上。磁电传感器(26)将测得的转速信号分别传至主轴转速测量控制系统和主轴转速测量显示系统，从而实现主轴转速的闭环控制和主轴转速的测量显示。

(2) 液压施力系统

由液压油源、油缸、活塞及试验力测量控制系统组成，见图 1-4 和图 1-5。电机(8)驱动柱塞泵(9)将液压油经吸油滤油器(2′)从油箱中压入主油路系统，再经压力管路精滤油器(10)到油缸(15)，柱塞泵的出口压力由压力表(11)测量显示，压力为 7MPa。溢流阀(7)为调压阀，用手调节系统的最大压力和过载荷保护，二位二通阀(13)在试验过程中处于关闭位置，试验结束后处于导通位置，实现系统的快速卸荷。电液伺服阀(12)对系统压力进行无级调节。液压油的压力通过活塞(15)传到摩擦副(钢球)形成试验力，并通过压力传感器(14)，转换为电信号传至试验力测量系统，一方面进行试验力数字显示，另一方面与设定数值进行比较并反馈到电液伺服阀(12)，实现试验力的闭环控制。

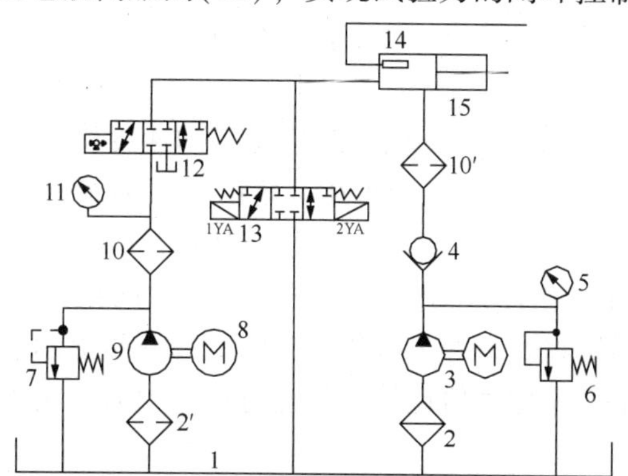

图 1-5 微机控制电液伺服四球摩擦试验机液压系统原理图

1—油箱；2、2′—网式吸油滤油器；3—齿轮泵；4—单向阀；5、11—压力表；6、7—溢流阀；8—电机；9—柱塞泵；10、10′—压力管路滤油器；12—伺服阀；13—换向阀；14—液压传感器；15—油缸活塞

(3) 静压轴承系统

静压轴承系统由静压油源和静压轴承组成，参见图 1-4 和图 1-5。采用静压轴承的目的就是在油缸和活塞之间形成一定的润滑油膜，使活塞悬浮于液压油中，减小油缸和活塞之间的摩擦力，提高试验力测量精度。电机(8)驱动齿轮泵(3)将油箱中的液压油经吸油滤油器(2)压入静压油路，经单向阀(4)、精滤油器

(10′)到施力油缸(15)的静压轴承中，静压轴承分上、下两个，每个轴承有四个对称的油腔，通过调节油腔的压力就可以使活塞处于四个腔的中间位置，每个油腔的压力均通过毛细节流管的长度来调节。调节溢流阀(6)可调节齿轮泵(3)的出口压力。出口压力由压力表(5)指示，一般要求齿轮泵出口压力为1MPa，静压轴承四个腔的压力为0.5MPa。静压轴承技术在四球机上的应用极大地提高了液压式四球机试验力的控制精度和测量灵敏度。

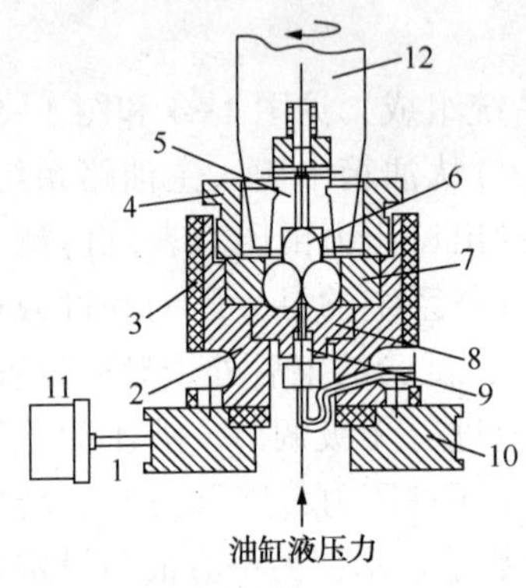

图1-6　四球摩擦副工作原理图

1—钢带；2—油盒；3—环状加热器；4—锁紧螺环；5—弹簧夹头；6—标准试验钢球；7—压环；8—垫；9—铂电阻；10—力矩轮；11—摩擦力传感器；12—主轴

(4) 摩擦副及摩擦力测量系统

摩擦副及摩擦力测量系统见图1-6，在试验时，上面的一个钢球通过钢球弹簧夹头(5)固定在主轴(12)下端的1∶7锥孔中，并随主轴一起转动；下面三个钢球固定在油盒中，锁紧螺母(3)、压环(4)、垫(8)及油盒(2)装配在一起，将钢球压紧固定，使其不能转动和滚动。油盒放在力矩轮(10)上，力矩轮下面有一副推力轴承，使上、下摩擦副即钢球，在试验过程中可自动对中。试验力是由活塞，经过推力轴承、力矩轮(10)、油盒传递到摩擦副上的。当上、下摩擦副间有一定的试验力，而主轴(12)以一定的速度转动时，上、下摩擦副间就产生一定的摩擦力带动油盒、力矩轮等一起产生扭力。为了测量摩擦力，用一钢带(1)与摩擦力测量传感器(11)相连，通过钢带将摩擦产生的扭力传递到摩擦力传感器上，摩擦力测量传感器将测得的信号传递到摩擦力测量显示系统进行数字显示和自动记录，并与设定的摩擦力值比较，当超过设定值时，主轴自动停车保护并报警显示。

(5) 温度测量控制系统

温度测量控制系统见图1-6，摩擦副由油盒外的一环状加热器(3)来加热，当需要加温时，将环状加热器接上电源，并将温控表开关置于开的位置。Pt100铂电阻(9)是测温元件，测得的信号经温度测量控制系统对摩擦副的温度进行数字显示，并与设定的温度值比较，并将比较信号反馈到加热器，对温度进行闭环控制，当实际温度超过设定报警值时，报警系统进行报警显示。

(6) 试验环境控制系统

常规四球机都是在常温、常压等空气环境下试验，随着科学技术的进步，四球机在极端环境下的试验将会越来越多，使四球摩擦副模拟在高温、低温、高压、真空及各种特殊介质环境下的试验工况。

（7）计算机测量控制系统

微机控制电液伺服四球摩擦试验机测量控制系统采用上下位机结构形式。下位机采用单片机对主机各种参数进行测量和控制，通过下位机各种功能键盘和LED数码显示器对试验力、摩擦力、转速、温度、转数及试验时间进行测量控制和显示。通过下位机测量控制，几乎能满足目前国内用四球法测定润滑剂性能的所有试验，而且操作简单快捷高效。上位机可以采用各种家用、商用或笔记本等各种计算机，配上专用的四球机测量控制软件可以动态测量显示并控制试验力、摩擦力、转速、温度、转数、试验时间、摩擦系数等参数，同时可动态绘制各种参数曲线。对试验过程的所有数据进行保存，根据需要产生各种分析统计报告。通过上位机编程可以对不同的载荷谱、速度谱进行变载变速试验。上位机与下位机之间是通过串行口进行通讯的。

2. 杠杆式四球机的工作原理

图1-7是杠杆式四球机的工作原理图，主轴的驱动和控制是通过变频器去控制电机(1)直接驱动主轴(5)进行旋转并无级调速。试验力是通过杠杆(13)施加砝码(15)通过刀承支座组(14)、刀承刀刃组(12)施加到四球摩擦副(6)上的。其它参数的测量控制与液压式四球机类似。

需要特别说明的是主轴驱动系统由于驱动方式、电机(交流异步电机、直流伺服电机、交流伺服电机)、调速系统等的不同，会对四球机试验结果造成不同程度的影响，在对四球试验结果进行比对时一定要注意这一特点。

第三节　四球机的参数指标

四球机的参数是由润滑剂各种性能测定法(四球法)决定的，长时抗磨损四球机(长磨四球机)和极压四球机由于试验目的和测试方法不同，试验机的参数指标也不相同。经过长期的实践和应用，四球机的参数指标在四球机设计制造和成品检验时都有标准规范。根据中华人民共和国国家标准、行业标准和有关企业标准的相关要求，两种四球机的基本参数指标分别见表1-2和表1-3。表1-2是1级精度的液压式极压四球摩擦试验机的技术参数，该表根据机械行业标准“JB/T 9395—2004 四球摩擦试验机技术条件”整理；表1-3是1级精度长时抗磨损四球机的技术参数，该表根据济南舜茂试验仪器有限公司企业标准“Q/01SMJ003—2010 机械式四球长时抗磨损试验机 技术条件”整理。杠杆式四球摩擦试验机的技术参数与液压式极压四球机的技术参数基本一致，主要区别在试验力的施加方式上不同，杠杆式四球摩擦试验机试验力的施加为砝码加载，不能做到无级可调，

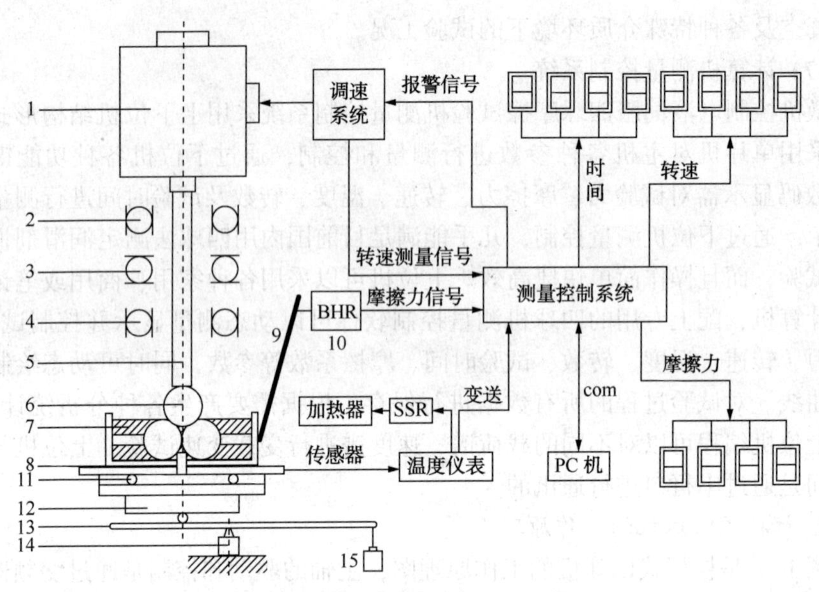

图 1-7 杠杆式四球机工作原理图

1—电机；2、3、4—轴承；5—主轴；6—四球摩擦副；7—油盒；8—温度传感器；9—力臂杆；10—摩擦力传感器；11—平面轴承；12—刀刃刀承；13—杠杆；14—刀承支座；15—砝码

此处不再一一列出。

表 1-2 液压式极压四球机技术参数(该参数满足 JB/T 9395—2004)

序号	项目名称	指标参数
1	试验力范围(无级可调)	40~10000N
2	试验力示值相对误差	400N 以下±5N，400N 以上±1%
3	试验力长时保持示值误差	小于±1%F.S
4	试验力测量系统鉴别力阈	不大于 5N
5	摩擦力测试范围	0~300.0N
6	摩擦力测试误差	小于±3%
7	主轴转速范围(无级可调)	200~2000r/min
8	主轴转速误差	小于±10 r/min
9	摩擦副温度控制范围	室温~200℃
10	摩擦副温度控制误差	小于±2℃
11	试验时间控制范围	1s~999h
12	主轴转数控制范围	1~99999999r

续表

序号	项目名称	指标参数
13	精密度试验	应满足 GB/T3142 或 GB/T12583 的精密度要求
14	试验用钢球	ϕ12.7mm　四球机专用钢球
15	测量显微镜	纵、横方向分度值：0.01mm

表 1-3　长磨四球机技术参数

序号	项目名称	指标参数
1	试验力范围(无级可调)	10～1000N
2	试验力示值相对误差	100N 以下±1N，100N 以上±1%
3	试验力长时保持示值误差	小于±1%F.S
4	试验力测量系统鉴别力阈	不大于 1.5N
5	摩擦力矩测试范围	0～1000N·mm
6	摩擦力测试误差	小于±3%
7	主轴转速范围(无级可调)	10～2000r/min
8	主轴转速误差	小于±3r/min
9	摩擦副温度控制范围	室温～200℃
10	摩擦副温度控制误差	小于±2℃
11	试验时间控制范围	1s～999h
12	主轴转数控制范围	1～99999999r
13	精密度试验	满足 SH/T 0189 或 SH/T0204 的精密度试验要求
14	试验用钢球	ϕ12.7mm　四球机专用钢球
15	测量显微镜	纵、横方向分度值：0.01mm

从表 1-2 和表 1-3 的参数可以看出，长磨四球机的额定负荷为 1000N，远远低于极压四球机 10000N 的额定负荷，其试验力灵敏度和转速控制精度都高于极压四球机。大载荷四球机主要用来测定润滑剂承载(极压)能力，包括最大无卡咬负荷 P_B，烧结负荷 P_D，综合磨损值(负荷磨损指数)*ZMZ* 等指标；小载荷四球机主要用来测定润滑剂抗磨和减摩性能，主要使用于 SH/T 0189 润滑油抗磨损性能测定法(四球法)及 SH/T 0762 润滑油摩擦系数测定法(四球法)等试验。美国 ASTM D2783 润滑油极压性能测定法(四球法)试验方法中明确指出，应把四球极压试验机和四球磨损试验机分开，四球极压试验机是用于较重负荷下的试验，但缺少磨损试验机所必须的灵敏性。因此，在极压四球机上做长时抗磨损试验是不妥当的。

第四节　四球机主参数的测量控制

四球摩擦试验机主要测量和控制参数是：试验力(负荷)、摩擦力、主轴转速、试样温度、试验时间或主轴转数，试验运转结束后，还要对磨斑大小进行测量。每个参数的规格指标在表1-2和表1-3中已经列出。本节从电气测量控制方面介绍目前在四球机中常用的几种测量控制模式。

图1-8是济南舜茂试验仪器有限公司研制生产的微机控制电液伺服四球摩擦试验机测控系统原理框图，它是一款综合技术含量较高的高档四球摩擦试验机，既可以做常规标准四球方法试验，也可以做后面章节中介绍的变速、变载荷程序控制四球试验。它的电气测量控制系统采用上下位机结构形式，四球机各种参数的测量与控制，全部由单片机(或DSP或ARM)为核心的下位机系统来完成。试验力通过液压载荷传感器，摩擦力通过轮辐式负荷传感器，转速通过磁电(或霍尔)传感器，温度通过铂热电阻(或热电偶)温度传感器，通过以上各种传感器将各种参数转换成电信号，再由下位机系统转换、采集、处理、显示和控制。下位机可以动态地将采集的这些参数发送到上位机系统，同时亦可以动态地接受上位机发送来的控制指令。下位机发挥独立、快捷、操作方便的特点，通过调速系统和电液伺服阀对主轴转速和试验力进行自动控制。上位PC机系统发挥运算能力强、存储容量大、编程方便等特点，对下位机送来的各种参数进行分析处理、保存、打印。同时还可以通过上位机编程对试验力、转速、温度等参数按照一定的

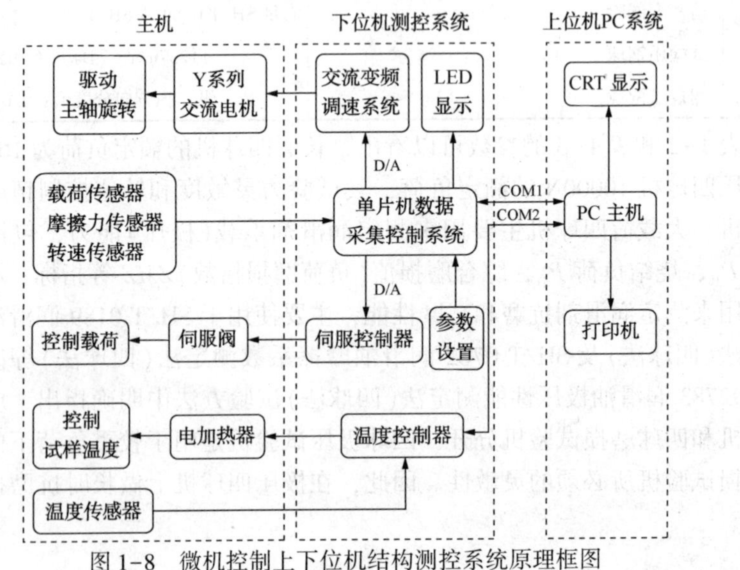

图1-8　微机控制上下位机结构测控系统原理框图

谱线进行程序控制。

图 1-9 是一款长磨四球摩擦试验机的测控系统原理框图，它和微机控制电液伺服四球摩擦试验机测控系统相比，下位机采用了工业控制中常用的 PLC 系统，试验力的施加控制采用伺服电机驱动蜗轮蜗杆弹簧系统。试验力的加载响应速度比电液伺服四球摩擦试验机较慢，其他测量控制功能类似。

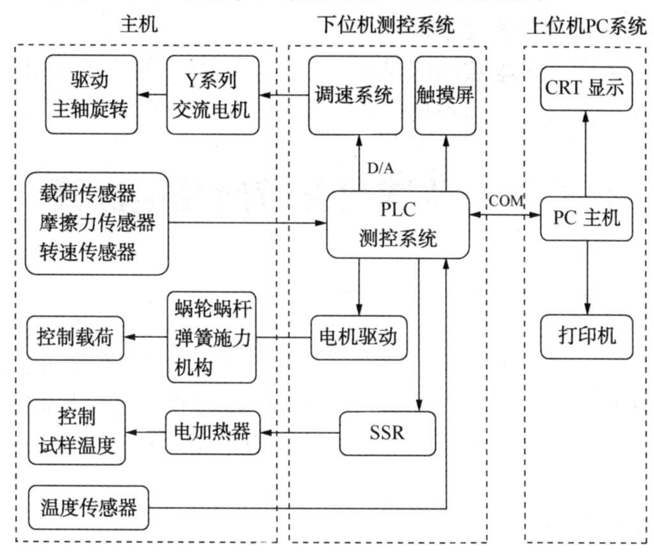

图 1-9　PLC 控制上下位机结构测控系统原理框图

图 1-10 是一款杠杆式四球摩擦试验机的测控系统原理框图，它采用 PCI 总线接口数据采集板卡进行数据采集和控制，数据采集板卡插入计算机 PCI 插槽

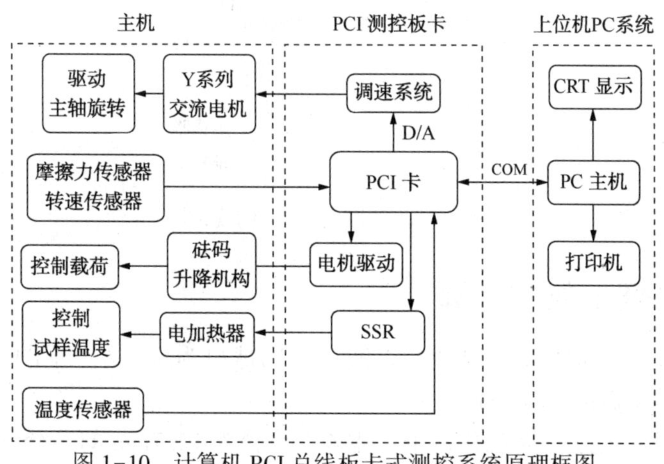

图 1-10　计算机 PCI 总线板卡式测控系统原理框图

中，PC 计算机通过 PCI 总线与采集板卡进行数据交换。摩擦力传感器、转速传感器、温度传感器等各种传感器的信号输入 PCI 数据采集板卡，然后通过 PC 计算机进行采集和处理，并通过板卡输出信号来控制转速和温度。它的特点是数据采集速度较快，但计算机必须具备 PCI 插槽，另外由于杠杆式四球摩擦试验机加载采用杠杆砝码式加载，所以计算机无法对试验力进行程控加载。试验力的加载过程需人为干预，自动化程度不高。

目前，国内外四球机参数的测量控制，除了较早期的产品采用手动加载仪表测量控制各种参数之外，基本都属于以上几种测量控制模式。

第五节　四球机参数的测量计算

一、摩擦力矩的测定和计算

试验机摩擦力矩由摩擦力传感器直接测定，图 1-11 为摩擦力矩传递示意图，图 1-12 是钢球受力分析图。主轴带动上钢球旋转时在四球摩擦副上产生的摩擦力矩经过力矩轮传递到摩擦力传感器上，最大力矩 M_{max} 计算公式为：

$$M_{max} = S_1 R \tag{1-1}$$

式中　R——力矩轮半径；

S_1——钢带的拉力。

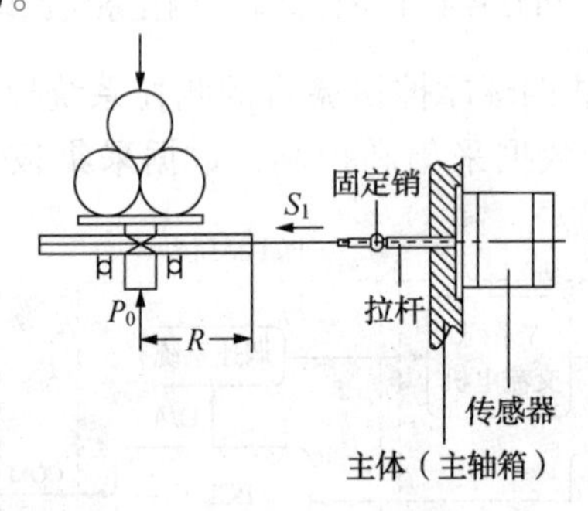

图 1-11　摩擦力矩传递示意图

二、摩擦系数的计算

摩擦系数是一个重要的参数，以液压式四球机为例，结合图 1-11 和图 1-12，推导摩擦系数的计算公式。

四球机是在压力负荷 P_0 作用下，用 4 个直径为 12.7mm 的等径钢球组成摩擦

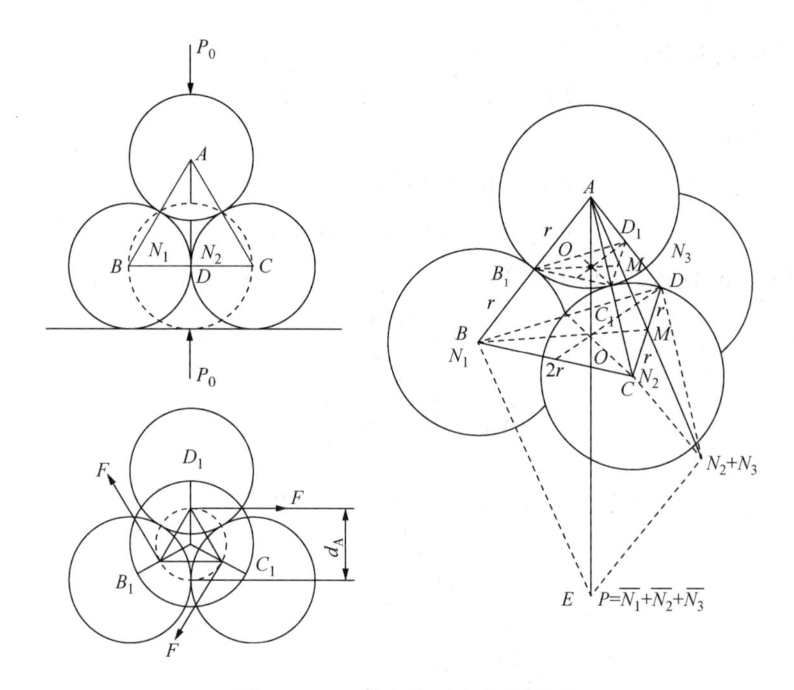

图 1-12　四球摩擦副受力分析图

副，固定在主轴端的钢球为 A 球，下边固定在油盒中的分别为 B 球、C 球和 D 球，4 个钢球接触时形成一等边四面体，在工作过程中由于 A 球是转动的，所以其磨损轨迹是直径为 d_A 的圆环，而 B、C、D 三个钢球上形成磨损斑点 B_1、C_1、D_1 并与圆环相切。

设 A、B、C、D 分别为 4 个钢球的四个圆心，B_1、C_1、D_1 是下面 3 个钢球与 A 球相切的磨损斑点，$d_{球}$ 为 4 个钢球的直径（标准钢球 $d_{球}=12.7$mm）。

则钢球的半径 $r_{球}=d_{球}/2=6.35$mm。

按库仑摩擦定律公式：$F=\mu\times N_1$

$$\therefore\ \mu=F/N_1 \qquad (1-2)$$

式中　N_1——A 球与各磨损球 B_1、C_1、D_1 接触点间的正压力，$N_1=N_2=N_3$。

F——A 球与各磨损球 B_1、C_1、D_1 接触点间的切向摩擦力；

μ——摩擦副的滑动摩擦系数。

按图 1-11 和图 1-12 可列出摩擦阻力矩的平衡方程：$3\cdot F\cdot d_A/2=S_1\cdot D/2$

$$\therefore\ F=S_1\cdot R/(3r_A) \qquad (1-3)$$

式中　r_A——A 球磨损圆环的半径；

R——液压式四球机摩擦阻力矩传递轮半径（$R=44.90$mm）；

S_1——四球机摩擦阻力矩传递轮圆周的切向力。

由图1-12得出：

$$r_A = B_1O_1 = BO/2 = 1/2 \cdot 2/3BM = OM \qquad (1-4)$$

在$\triangle COM$中

$$OM = MC\text{tg}\,30^\circ = 1/\sqrt{3} \cdot r_{球} \qquad (1-5)$$

$$\therefore\ r_A = 1/\sqrt{3} \cdot r_{球} = 0.578 r_{球} \qquad (1-6)$$

将式(1-6)代入式(1-3)，得

$$F = \frac{1}{\sqrt{3}}\frac{SR}{r_{球}} \qquad (1-7)$$

又∵

$$\overline{N_1} = AB = AO\,\frac{1}{\cos\alpha} \qquad (1-8)$$

$$\cos\alpha = \frac{AO}{AB} = \frac{1}{AB}\sqrt{AB^2 - BO^2}$$

∵

$$BO = \frac{1}{\sqrt{3}}AB$$

∴

$$\cos\alpha = \frac{1}{AB}\sqrt{AB^2 - \frac{1}{3}AB^2} = \frac{1}{3}\sqrt{6} \qquad (1-9)$$

$$AO = \frac{1}{3}AE = \frac{1}{3}P_0 \qquad (1-10)$$

将式(1-9)和式(1-10)代入式(1-8)，得：

$$\overline{N_1} = \frac{1}{3}P_0 \times \frac{3}{\sqrt{6}} = \frac{1}{\sqrt{6}}P_0 \qquad (1-11)$$

式中　P_0——A球与各磨损斑点B_1、C_1、D_1接触面间正压力的轴向合力，即为四球机的轴向压力负荷值。

∴

$$N_1 = N_2 = N_3 = 1/\sqrt{6}P_0 = 0.4081P_0 \qquad (1-12)$$

将式(1-7)和式(1-12)代入式(1-2)得：

$$\mu = \left(\frac{1}{\sqrt{3}}\frac{S_1R}{r_{球}}\right) \Big/ \left(\frac{1}{\sqrt{6}}P_0\right) = \sqrt{2}\ \frac{S_1R}{r_{球}P_0} \qquad (1-13)$$

已知$r_{球}$=6.35mm，R=44.90mm

∴

$$\mu = 10\,\frac{S_1}{P_0} \qquad (1-14)$$

式中　S_1——可由四球机摩擦力测量装置直接读出；

P_0——四球所施加的轴向压力负荷；

10——液压式四球机的常数。

三、摩擦副钢球的接触应力计算

由图 1-12 可知，一对钢球的接触正压力 $N(=N_1=N_2=N_3)$ 如式(1-12)所示，根据赫兹弹性变形理论，钢球在 P_0 力作用下弹性变形的半径 $d_H/2$ 由式(1-15)确定：

$$\frac{d_H}{2}=0.881\times\sqrt[3]{\frac{P_0\times D2}{2\sqrt{6}\times E\times D}}=0.0438\times\sqrt[3]{P_0} \tag{1-15}$$

式中　d_H——钢球在 P_0 力作用下弹性变形的直径；

D——标准钢球的直径，12.7mm；

E——弹性系数 $E=2.1\times10^7 g/mm^2$。

则可知单位面积上的平均压力(接触应力)δ：

$$\delta=\frac{4P_0}{\sqrt{6}\times\pi\times {d_H}^2} \tag{1-16}$$

四、钢球磨痕直径测量

为了提高钢球磨斑直径的测量效率，一般在不拆卸油盒的状态下用测量显微镜直接测量磨斑直径。为了准确地直接测量钢球磨斑直径的真实值，需要油盒轴线与显微镜线路的垂直面形成一夹角 α，称之为钢球的磨痕直径测量角。根据图 1-12 利用几何知识可得 α 的计算公式：

$$\cos\alpha=\sqrt{\frac{2}{3}},\ \alpha=35°16' \tag{1-17}$$

在显微镜的载物台上放一夹角为 $\alpha=35°16'$ 油盒专用座，即可不拆卸油盒，直接测量钢球的磨斑直径。

五、钢球的滑动线速度计算

参考图 1-12，上钢球的滑动摩擦线速度为：

$$v=\pi d_A\frac{n}{1000}60\quad m/s \tag{1-18}$$

式中　d_A——上钢球磨损圆环的直径，其值为：

$$d_A=1/\sqrt{3}\times d_{球}=0.578\times12.7=7.331\quad mm \tag{1-19}$$

把式(1-19)代入式(1-18)，得：

$$v=0.000384n\quad m/s \tag{1-20}$$

第六节　四球机的检验

一、四球机机械几何精度的检验

四球机的定期检验是保证四球机试验精度的重要措施，对于液压式四球摩擦试验机国家有标准质量技术规范要求，中华人民共和国机械行业标准“JB/T 9395—2004 四球摩擦试验机技术条件”和中华人民共和国国家计量检验规程“JJG 373—1997 四球摩擦试验机”是液压式四球摩擦试验机设计生产以及出厂检验技术依据。按照中华人民共和国国家计量检验规程“JJG 373—1997 四球摩擦试验机”的要求，四球机准确度的检验每年至少应进行一次，主要机械精度检验指标和方法见表 1-4。

表 1-4　机械几何精度的检验

序号	简　　图	检验项目	允差/mm	检验工具	检验方法
1		主轴锥孔的径向圆跳动量	0.01	磁力表座、千分表	千分表测头垂直触及在主轴锥孔的锥面上使主轴缓慢转动，千分表上读数的最大差值就是主轴锥孔的径向圆跳动量
2		钢球的径向圆跳动量	0.015	磁力表座、千分表	千分表测头垂直触及在距钢球最低点 2.5～3mm 处，使主轴缓慢转动，千分表读数的最大差值就是钢球的径向圆跳动量
3		主轴与施力活塞的同轴度	$\phi 0.2$	磁力表座、千分表	将千分表表架固定在主轴上，使千分表的测头垂直触及施力轴的外圆表面上，使主轴转动一周，测得对应点的读数差值，然后在施力轴行程范围内测得两个截面，其各截面测得的读数差中的最大值即主轴与施力轴的同轴度

续表

序号	简　　图	检验项目	允差/mm	检验工具	检验方法
4	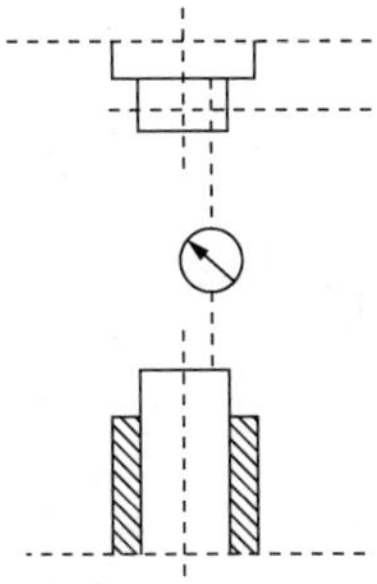	主轴与施力活塞上平面的垂直度	0.05	磁力表座、千分表	将千分表表架固定在主轴上，使千分表的测头垂直触及施力轴的上平面，使主轴缓慢转动一周，千分表读数的最大差值就是主轴与施力轴上平面的垂直度

二、试验力的准确度检验

四球机试验力准确度检验由0.3级标准测力仪及专用工具组成，以下列出了1级精度四球机试验力准确度要求及检验方法。

1. 试验机的试验力准确度要求

试验力校验结果其准确度应符合如下要求：

① 在最大试验力的4%以上，试验力的示值相对误差不应超过±1%。

② 在最大试验力的4%以上，示值重复性相对误差不应大于1%。

③ 在最大试验力的4%以下，示值误差不应超过±5N。

④ 在最大试验力的4%以下，示值重复性误差不应大于5N。

2. 试验机试验力准确度检定方法

① 试验机试验力的示值相对误差、示值重复性相对误差的检验，检查点为额定试验力的0.4%、1%、4%、10%、20%、40%、60%、80%、100%各点。

② 将专用工具、效验传感器安放在试验机主轴下方，轴承座上方(如图1-13所示)，重复施加试验力三次至最大试验力，卸除试验力后，将试验力指示调至零位，开始检查。

③ 试验力准确度均按进程连续检验三次。

④ 试验机试验力准确度的计算，均以标准测力仪的标准值为依据，在试验力指示装置上读数。

⑤ 示值相对误差、示值重复性相对误差按式(1-21)和式(1-22)计算。

$$q = \frac{\overline{F_i} - F}{F} \times 100\% \qquad (1-21)$$

$$b = \frac{F_{imax} - F_{imin}}{\overline{F}_i} \times 100\% \tag{1-22}$$

式中　q——试验机示值相对误差；

b——试验机示值重复性相对误差；

F——每个测定点上施加试验力标称值；

$\overline{F}_i$——进程中试验力指示装置 3 次读数的算术平均值；

F_{imax}——进程中试验力指示装置 3 次读数的最大值；

F_{imin}——进程中试验力指示装置 3 次读数的最小值。

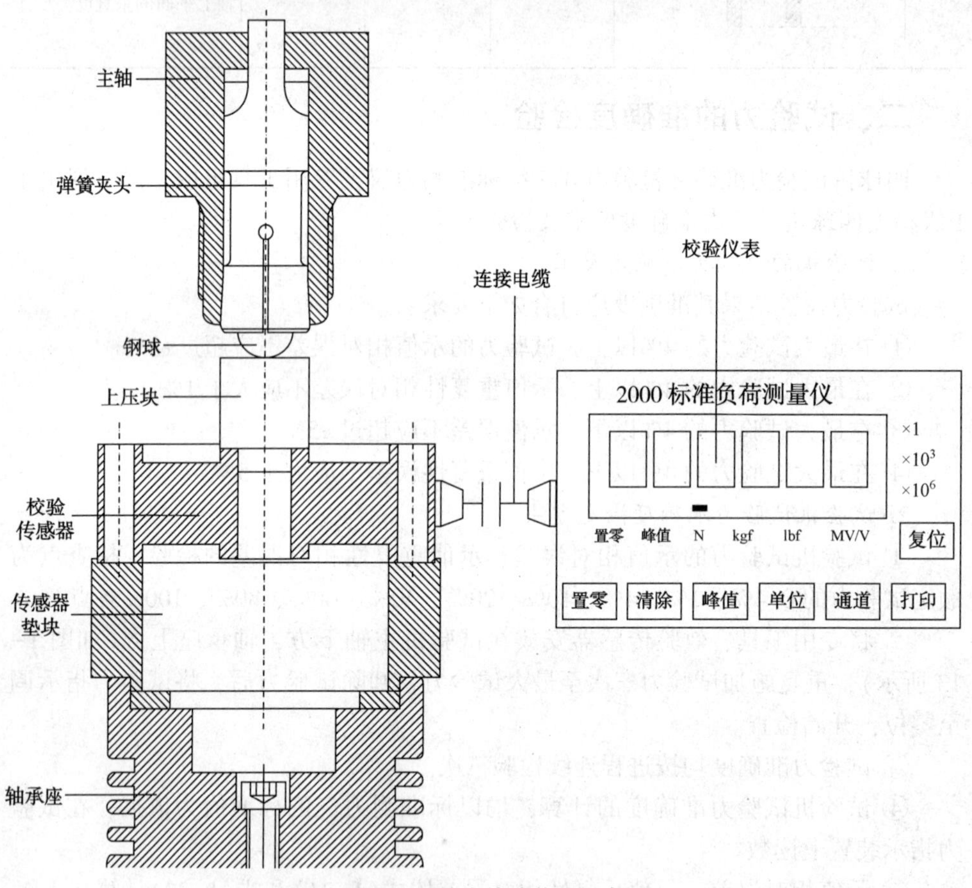

图 1-13　试验力检验装置示意图

三、摩擦力的准确度检验

摩擦力准确度的检验装置由准确度为±0.01%的专用砝码及摩擦力测试专用

工具组成，检验装置示意图见图 1-14。准确度要求及检验方法如下：

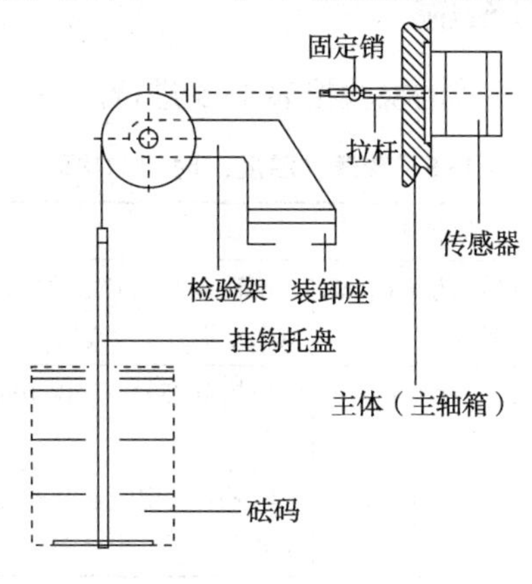

图 1-14　摩擦力校验装置示意图

1. 摩擦力准确度要求

检定结果应符合摩擦力示值相对误差小于±3%，摩擦力示值重复性小于 3%。

2. 摩擦力准确度检定方法

① 在试验机上装好摩擦力的专用工具(参考图 1-14)，添加全部砝码，然后将砝码卸除，重复 3 次，调零后开始检定。

② 从最大摩擦力的 20%~100%检定 5 点，均匀分布，连续间 3 次，摩擦力示值相对误差、示值重复性按式(1-23)和式(1-24)计算。

示值相对误差：

$$\delta_f = \frac{\overline{F}_f - F_f}{F_F} \times 100\% \tag{1-23}$$

示值重复性误差：

$$R_f = \frac{F_{fmax} - F_{fmin}}{\overline{F}_f} \times 100\% \tag{1-24}$$

式中　δ_f ——摩擦力示值相对误差；

R_f ——摩擦力示值重复性；

F_f ——专用砝码的标称力值；

F_{fmax} ——摩擦力 3 次读数的最大值；

F_{fmin} ——摩擦力 3 次读数的最小值；

$\overline{F}_f$ ——摩擦力 3 次读数的平均值。

四、其他指标的检验

转速、温度、时间等参数的检验按表 1-5 进行。

表 1-5　转速、温度、时间的检验

序号	检验项目	允差	检验器具	检验方法
1	转速	15r/min	准确度为 ± 1r/min 数字式转速表	用转速表测定主轴转速，主轴转速示值与转速表示值之差不大于允差
2	温度	±2℃	分度值不大于 1 的 0~250℃的温度计	加热至 75℃，保温 10min，观察油温的变动值不大于允差
3	时间	不大于 1s	分度值为 0.01s 的秒表	同时启动定时器及秒表，定时 60s，时间定时器与秒表的误差不大于允差

五、四球机精密度试验的检验

四球机的机械几何精度检验和试验力、摩擦力、温度、转速以及试验时间等的检验，都是单项静态指标的检验，它是保证四球摩擦试验机精度的基础，但仅满足这些指标，还不能说明四球机就具有良好的精度，四球机作为润滑剂摩擦磨损性能评定的标准试验机，试验结果必须满足标准试验方法的精密度要求。四球机的精密度试验一般通过标准参考油的测试来完成，通过精密度试验来检验四球机的重复性、再现性和可区分性，精密度试验结果反映了四球机的综合的动态性能指标，只有精密度试验结果满足试验方法的要求，才能说明四球机检验合格。

四球机极压性能精密度的检验，是根据国标 GB/T 3142 润滑剂承载能力测定法(四球法)或 GB/T12583 润滑剂极压性能测定法(四球法)的方法要求进行检验。在国标 GB/T3142 的附录中 A 中给出了四种参考油脂的最大无卡咬负荷 P_B，烧结负荷 P_D，综合磨损值(负荷磨损指数)*ZMZ* 等指标的参考值，现列于表 1-6。现在 1 号、2 号和 3 号参考油样，由中国石化石油化工科学研究院评定中心研制并提供。

表 1-6　参考油极压性能数据

试样	试样名称	最大无卡咬负荷 P_B/kg	烧结负荷 P_D/级别	综合磨损值 *ZMZ*/kg
1	8 号航空润滑油，兰州炼油厂生产	42.5	14	18.5
2	20 号航空润滑油加 3%硫化烯烃	106.5	18	52.3
3	18 号双曲线齿轮油，抚顺石油一厂产	165.3	20.5	85.5
4	7057 脂，石油化工研究院研制		16	22.0

按照“GB/T 3142 润滑剂承载能力测定法(四球法)”的要求对 4 种参考油脂进

行测试，其精密度应满足以下要求：

（1）重复性

测定最大无卡咬负荷 P_B时，同一操作者在同一台机器上重复测定，两次结果间的差数不大于平均值的 15%。

测定烧结负荷 P_D时，同一操作者在同一台机器上重复测定，两次结果间的差数不大于一个负荷等级。

测定综合磨损值 *ZMZ* 时，同一操作者在同一台机器上重复测定，两次结果间的差数不大于平均值的 10%。

（2）再现性

测定最大无卡咬负荷 P_B时，两个实验室对同一试样进行测定的差数不应大于平均值的 30%。

测定烧结负荷 P_D时，两个实验室对同一试样进行测定的差数不应大于一个负荷等级。

测定综合磨损值 *ZMZ* 时，两个实验室对同一试样进行测定的差数不应大于平均值的 25%。

第二章　四球机试验的标准方法

第一节　摩擦、磨损与润滑

摩擦学是有关摩擦、磨损与润滑科学的总称。1966 年，摩擦学这一术语首次被提出。从 1985 年开始，在全世界范围内，用摩擦学这一术语描述这一领域的活动。摩擦引起能量消耗；磨损导致机械零件表面损伤，进而使得机械设备失效；而润滑则是降低摩擦、减少磨损最有效的措施。因此，润滑设计对于节约能源和原材料，延长机械设备使用寿命和提高工作可靠性具有重要意义。简言之，润滑技术通过在相互摩擦表面之间施加润滑剂而形成润滑膜，以此避免摩擦表面直接接触，构建具有较高法向承载能力和尽可能低的切向阻力的界面层，达到减少摩擦磨损的目的。同时，润滑膜还具有散热、除锈、减振和降噪等作用。

一、摩擦学的发展过程

人类对摩擦现象早有认识，并能使之为自己服务，如史前人类已知钻木取火。我国《诗经》中就有了关于润滑的描述，中国在春秋时期已经普遍的应用动物脂肪来润滑车轴，西汉《淮南子》中最早出现了“润滑”一词，用矿物油作润滑剂的记载最早见于中国西晋张华所著《博物志》。但是摩擦学的研究进展缓慢，直到 15 世纪意大利的列奥纳多 · 达芬奇才开始把摩擦学引入理论研究的途径。1785 年，法国的 C. A. de 库仑继前人的研究，用机械啮合概念解释干摩擦，提出摩擦理论。后来又有人提出分子吸引理论和静电力学理论。1935 年，英国的 F · P · 鲍登等人开始用材料黏着概念研究干摩擦。1950 年，鲍登提出黏着理论。1886 年，英国的 O · 雷诺继前人观察到的流体动压现象，总结出流体动压润滑理论。20 世纪 50 年代普遍应用电子计算机以后，线接触弹性流体动压润滑理论有所突破。20 世纪 60 年代在相继研制出各种表面分析仪的基础上，磨损研究得以迅速开展。至此综合研究摩擦、润滑和磨损相互关系的条件已初步具备，并逐渐形成摩擦学这一新学科。

随着计算机和数值计算技术的发展，以前不能用解析法解决的问题大都可以进行精确的定量计算，所分析的因素更加全面和符合实际，目前经典流体润滑理论已经基本成熟，研究的重点转向特殊介质和极端工况下的润滑理论。

材料磨损研究已从早期的宏观现象分析转向微观机理研究，应用在表面分析技术揭示磨损过程中表面层组织结构和物理化学变化。目前国际上提出能量理论或材料疲劳机制的各种磨损理论，可以作为摩擦副材料选择和抗磨损设计的依据，此外，新型轴承和动密封装置的结构、新型材料与表面热处理技术、新型润滑材料与添加剂等方面的研究也均有较大的进展。摩擦学学科的迅速发展与工业界的需求密不可分，随着机械设备向着大功率、高速度方向发展，以及机械设备在苛刻工况下的应用，使得机械零件因摩擦磨损而失效，不仅维修费用增大，而且甚至是整个机械设备丧失功能。因此，降低机械设备的摩擦损耗，提高机械设备的效率，维护机械设备的正常工作，就成为机械设计、制造及使用维护部门关注的问题。正是工业界的这种需求，推动了摩擦学理论的发展。

今天，摩擦学研究已经深入到更为广阔的领域，除了在摩擦与磨损机理、润滑理论、摩擦学测试技术、设备工况检测技术以及减摩耐磨材料研究等传统领域，摩擦学研究得到进一步发展，而且在以往未曾达到的技术领域，例如太空领域、微观领域、生命科学等，亦形成了新的研究方向和学科分支，并为推动这些领域的科学进步做出了贡献。

摩擦学研究的对象也越来越广泛，在机械工程中主要包括：

① 动、静摩擦副，如滑动轴承、齿轮传动、螺纹联接等。

② 零件表面受工作介质摩擦或碰撞、冲击，如水轮机转轮等。

③ 机械制造工艺的摩擦学问题，如金属成形加工、切削加工和超精加工等。

④ 弹性体摩擦副，如汽车轮胎与路面的摩擦、弹性密封的动力浸漏等。

⑤ 特殊工况条件下的摩擦学问题，如宇宙探索中遇到的高真空、低温和离子辐射等，深海作业的高压、腐蚀、润滑剂稀释和防漏密封等。此外还有生物中的摩擦学问题，如研究海豚皮肤结构以改进舰船设计，研究人体关节润滑机理以诊治风湿性关节炎，研究人造心脏瓣膜的耐摩寿命以谋求最佳的人工心脏设计方案等。地质学方面的摩擦学问题有地壳运动、火山爆发和地震，以及山、海、断层形成等。在音乐和体育以及人们日常生活中也存在大量的摩擦学问题。随着科学技术的发展，摩擦学的理论和应用必将由宏观进入微观，由静态进入动态，由定性进入定量，成为系统综合研究的领域。

二、摩擦学几个主要研究方向的发展

摩擦学是一门十分复杂的学科，迄今发现的与摩擦有关的因素多达上百个。在一般的基础物理教材中很少谈及摩擦的起因和本质问题，只给出一些经验规律。事实上目前也确实还没有建立起十分成熟的摩擦理论，摩擦问题一直是科学技术研究领域的一个重要课题。

1. 流体润滑

随着人们对润滑机理和理论的深入研究，润滑理论经历了由宏观观察到微观分析的发展；从经验地对摩擦现象做定性分析，发展到对摩擦的各种物理和化学现象的相互关系建立精确的定量动态模型；从对摩擦磨损的少数因素的研究，向全面综合研究的方向发展。

1883 年，Tower 对火车轮轴的滑动轴承进行试验，首次发现轴承中的油膜存在流体压力。1886 年，Reynolds 针对 Tower 发现的现象应用流体力学推导出 Reynolds 方程，解释了流体动压形成机理，从而奠定了流体润滑理论研究的基础。1904 年，Sommerfeld 求出了无限长圆柱轴承的 Reynolds 方程的解析解；1954 年，Ocvirk 建立了无限短轴承的解析解，促使流体润滑理论得以应用于工程近似设计。随着电子计算机和数值计算技术的发展，许多作者采用有限差分、变分和有限元等方法求得各种结构和工况条件下的有限长轴承数值解，得到了更为精确的结果，使得流体润滑理论日趋成熟。

流体动压润滑形成机理在于摩擦表面的相对运动将黏性流体带入楔形间隙，从而使得润滑膜产生压力以承受载荷，这就是所谓的动压效应。润滑膜为黏性流体膜，其厚度处于 1~100μm 量级，属于厚润滑膜；其理论基础是黏性流体力学。流体动压润滑通常应用于面接触摩擦副，如机床和汽轮发电机组等动力机械中的滑动轴承。

(1) 流体润滑的特点

① 理论上不发生磨损；

② 摩擦系数的大小仅取决于液体润滑剂的内摩擦，即润滑油黏度的大小。

(2) 流体动压润滑的条件

流体动压润滑是流体润滑的类型之一，有严格的实现条件：

① 摩擦表面间必须有相对运动；

② 沿着表面运动的方向，油层必须成楔形；

③ 润滑油与摩擦表面必须有一定的黏着力，使润滑油随摩擦表面运动而形成具有足够压力的流体膜，从而把两表面隔开。

流体润滑的另一种类型为流体静压润滑，即借助外部设备，向摩擦表面供给一种具有压力的液体将两摩擦表面分开，并由液体的压力平衡外载荷。

2. 弹性流体动力润滑

19 世纪 80 年代，在机械学科领域几乎同时出现了两个重要理论：Reynolds 流体润滑理论和 Hertz 弹性接触理论。长期以来，这两个理论分别被应用于处理不同接触表面的摩擦学设计问题，其中 Reynolds 理论被应用于面接触摩擦副，如滑动轴承的润滑设计，而 Hertz 理论被应用于集中载荷作用的点、线接触摩擦副，如齿轮、滚动轴承的接触疲劳磨损设计。经过长期的探索，直到 20 世纪 50 年代，人们才成功地将这两个理论相耦合用于点、线接触的润滑设计，即弹性流体动力润滑理论(简称弹流润滑理论)。弹流润滑理论的核心是在 Reynolds 方程中考虑润滑油的黏压效应和表面弹性变形，这就使得相应的求解难度增大。1949 年，Грубин 首次求得线接触弹流润滑问题的近似解。1961 年和 1976 年，Dowson 分别同 Higginson 及 Hamrock 合作，以完备数值解为基础，先后提出了线接触和点接触理想模型的弹流润滑理论。他们采用的理想模型假设为：摩擦副为光滑表面，润滑剂为牛顿流体，在稳态工况条件下的等温润滑过程。

弹流润滑是流体润滑的扩展，其理论基础是连续介质力学，包括流体力学、弹性力学和传热学等。弹流润滑膜与流体润滑膜同属于黏性流体膜，然而，弹流润滑膜存在于集中载荷作用下的微小接触区，其厚度小(0~0.1μm)、压力大(约 1GPa)、剪切率高($\sim 10^6 s^{-1}$)以及润滑剂通过接触区的时间短($\sim 10^{-3} s$)。处于这种状态的润滑问题显然与理想模型的条件相差很大。其中热效应、润滑剂的非牛顿性、表面粗糙度以及非稳态工况等对弹流润滑的影响成为不可忽略的因素。

20 世纪 80 年代初开始，清华大学摩擦学国家重点实验室以工程模型弹流润滑理论研究为目标，先后提出了热弹流、流变弹流、微观弹流以及非稳态弹流润滑的完备数值解，最后在推导出普适性最高的 Reynolds 方程和对数值计算方法进行重大改进的基础上，建立了考虑上述各因素综合影响的弹流润滑理论，被 Dowson 称为完备的流体润滑理论。与此同时，还开发出了多种弹流油膜性能测试技术，包括采用光干涉测量油膜厚度和形状，红外辐射测量温度场，薄膜传感器测量油膜压力等，用以通过实验验证理论分析结果。

在中小负荷条件下，通常认为四球机试验的润滑条件为弹性流体动力润滑，但由于无法准确地揭示弹流润滑条件下流体的流变性能，例如，由于黏压效应和表面效应会导致油膜相变呈类固体特性，所以利用弹性流体动力润滑理论对四球试验进行分析时也就必然有局限性。

3. 边界润滑

1919 年，Hardy 兄弟提出了边界润滑的概念，即润滑剂中的极性分子与摩擦表面吸附形成分子有序排列的吸附膜，吸附膜由单层或 2~3 层分子组成，膜厚为 0.005~0.010μm 量级。因此，边界润滑的理论基础是表面物理化学和表面吸附理论。

在负荷增大或黏度、转速降低的情况下，流体动压油膜将会变薄，当油膜厚度变薄到小于摩擦面微凸体的高度时，两摩擦面较高的微凸体将会直接接触，其余的地方被一到几层分子厚的油膜隔开，这种情况就属于边界润滑。简而言之，边界润滑是大部分摩擦面上存在一层与介质性质不同的薄膜，这层薄膜的厚度在0.1μm以下，不能防止摩擦面微凸体的接触，但有良好的润滑性能，可减少摩擦和磨损。

边界润滑研究推动了摩擦化学的发展，与此相适应，人们相继开发出种类繁多、功能各异以及具有不同润滑机理的添加剂。从添加剂作用机理角度讲，边界膜并非只是吸附膜，边界膜的类型及适应范围见表2-1。

表2-1　边界膜的类型及适应范围

边界膜的类型	特　点	适应范围
物理吸附膜	由分子吸引力使分子定向排列，吸附在金属表面。吸附与解吸完全可逆	常温、低速、轻负荷；高温下解吸
化学吸附膜	由极性分子的有价电子与基体表面的电子发生交换而产生化学结合力，使金属皂的极性分子定向排列，吸附在金属表面。吸附与解吸不完全可逆	中等温度、速度、载荷；高温下解吸
化学反应膜	硫、磷、氯等元素与金属表面进行化学反应，生成金属膜，膜的熔点高，剪切强度低于基体金属本身，反应是不可逆的	高温、高速、重载
氧化膜	金属表面由于结晶点阵原子处于不平衡状态，化学活性比较大，与氧反应形成氧化膜	只能起瞬时润滑作用

就润滑油本身来说，影响流体润滑的主要因素是润滑油的黏度，在一定的转速、负荷等条件下，黏度越大，油膜越厚。但对边界润滑来说，影响润滑效果的主要因素是其油性和极压性。

润滑油因表面活性物质(极性分子)通过物理或化学吸附在金属表面形成边界油膜，以降低摩擦的性能叫做油性。油性好，即润滑油在机械摩擦表面上形成的油膜牢固，可以承受较大的负荷而不易破裂。润滑油的油性好坏与其黏度大小和油中所含的极性分子的类型和数量有密切关系。一般黏度大的油形成的油膜强度比黏度小的油形成的油膜强度大，极性分子的极性越强，形成的油膜强度也越大，油中含极性分子多的油膜强度比极性分子少的大。

润滑油中的极性分子(含硫、磷、氯的化合物)在较苛刻的摩擦条件下与金属发生化学反应生成稳定性高的边界化学反应膜，从而减少摩擦和磨损，防止产生卡咬、擦伤、烧结的性能称为极压性，又称抗擦伤性能。含S、P、Cl的金属化学反应物的熔点和硬度均低于金属本身，所以这些物质在压力作用下可局部熔化或发生塑性流动，从而保护摩擦基体本身免受损伤并降低运动阻力。

近年来，纳米润滑材料和自修复润滑材料的研究，可以说是边界润滑理论的继承与发展。为提高边界润滑膜的承载能力，或承受高运行速度，在边界润滑膜中加入纳米微粒作为添加剂，例如纳米Cu、PbO、SiO、ZnO等，但各种微粒的应用条件和作用机理还有待于系统深入的研究。自修复类添加剂在摩擦界面发生物理化学和电化学效应，从而在摩擦表面形成自修复膜，以补偿摩擦表面所产生的磨损。

4. 混合润滑

摩擦面上所形成的润滑膜，局部遭到破坏，同时存在液体润滑、边界润滑和干摩擦的润滑状态叫做混合润滑或半液体润滑。产生混合润滑的主要原因是负荷过大，或速度、负荷变化频繁，选用油品不当，以及摩擦面粗糙等。

在生产实际中，混合润滑状态普遍存在，因而受到人们关注，但遗憾的是，迄今针对混合润滑的研究明显较为欠缺。工程摩擦副大多是粗糙表面，因制造方法不同，粗糙峰的高度变化范围较大，但相对于润滑膜的厚度而言，工程摩擦副的表面粗糙度大体上处于相近的量级，因此其润滑状态极少属于单一的润滑状态，而是多种润滑状态的混合。

5. 利用 Stribeck 曲线确定润滑状态

19 世纪初，Stribeck 通过对径向滑动轴承的研究，建立了关于润滑剂黏度 η 、滑动速度 v 、平均压力 p 与摩擦系数的关系曲线，这就是著名的 Stribeck 曲线。理论曲线如图 2-1 所示。

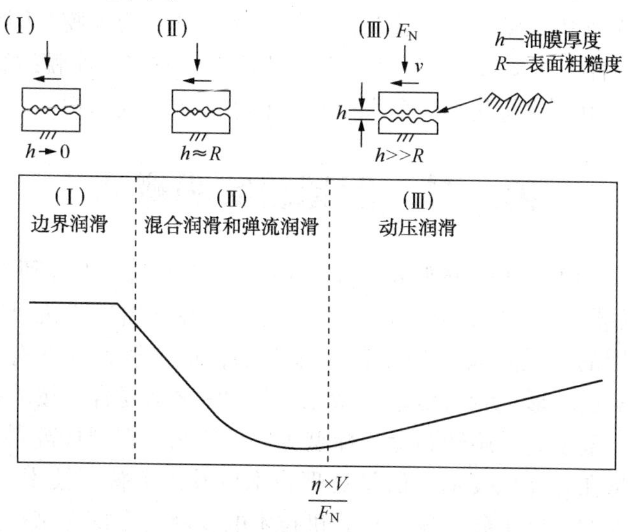

图 2-1　Stribeck 理论曲线与三种润滑状态

通过 Stribeck 曲线，可以鉴别一个润滑系统的三种润滑状态：边界润滑、混合润滑（包括薄膜润滑）和弹流润滑、动压润滑。边界润滑（图 2-1 中Ⅰ）：油膜厚度小于表面粗糙度，两个表面直接接触，由于固–固接触，此状态下摩擦系数较大。混合润滑和弹流润滑(图 2-1 中Ⅱ)：油膜厚度接近表面粗糙度，两个表面分离，但仍存在相互作用力，导致接触区域发生弹性形变，此状态下摩擦系数随速度增加而降低(载荷一定时)，达到最小值。动压润滑(图 2-1 中Ⅲ)：油膜厚度远大于表面粗糙度，两个表面完全分离，此状态下摩擦系数与速度理论上呈线性关系。

随着科学技术的发展，目前可以利用润滑膜厚度来鉴别润滑状态，但这一方法受到测量条件限制。随着针对弹流润滑(EHL)及薄膜润滑(THL)等研究的深入，Stribeck 曲线作为一种简便而有效地判断润滑状态与性能的方法重新引起了人们的关注。

图中纵坐标是摩擦系数，横坐标是反映承载特性的参量 $\eta v/F_N$；式中 η 为润滑油的动力黏度；v 为两个摩擦表面对润滑油的综合速度；F_N 为载荷。表面粗糙度 $R=(R_1^2+R_2^2)^{1/2}$，其中 R_1、R_2为两摩擦表面的相应粗糙度的值。

根据 $\lambda=h/R$ 可将润滑类型分为流体润滑、混合润滑和边界润滑：

① 流体润滑区。$\lambda>3$，两摩擦表面完全被连续的油膜分开，不直接接触，载荷由油膜承担。

② 混合润滑区。$0.8<\lambda<3$，摩擦表面的一部分被油膜分开，另有部分与微凸体接触，其余被边界膜分开，载荷由油膜、微凸体和边界膜共同承担。

③ 边界润滑区。$\lambda<0.8$，摩擦表面微凸体接触较多，油膜的润滑作用减少，甚至完全不起作用，载荷几乎完全由微凸体和边界膜共同承担。

第二节　四球机实验概述

1910 年第一台磨料磨损试验机问世，1975 年美国润滑工程师学会(ASLE)编著的《摩擦磨损装置》一书中所公布的不同类型摩擦磨损试验机已有上百种。这是由于实际使用的机械设备工作条件千差万别，从接触方式看有线接触、点接触、面接触。从运动形式看有滑动、滚动、滑动-滚动复合。按摩擦副形状分有球型、环块型、滚子式、旋转圆盘、棒型等。近年来，在现代高科技技术发展的推动下，特别是在计算机技术、信号处理技术以及人工智能技术发展的推动下，摩擦学测试技术的发展十分迅速。计算机技术的发展使摩擦学试验从控制到实验信号处理手段都发生了根本性的转变，测试信号的采集和处理越来越简单，仪器的功能越来越强大。

一、国内已标准化的四球试验方法

四球机试验具有设备相对简单、操作方便、试验时间短、成本低等优点，是我国保有量最大的摩擦磨损试验机，以此为平台建立了6个标准试验方法：

① 润滑剂承载能力测定法(四球机法)，GB/T 3142—1982(2004)。

② 润滑剂极压性能测定法(四球机法)，GB/T 12583—1998(2004)。

③ 润滑油抗磨损性能测定法(四球机法)，SH/T 0189—1992。

④ 润滑脂极压性能测定法(四球机法)，SH/T 0202—1992。

⑤ 润滑脂抗磨性能测定法(四球机法)，SH/T 0204—1992(2004)。

⑥ 润滑油摩擦系数测定法(四球机法)，SH/T 0762—2005。

关于标准四球方法的试验条件见表2-2。

表2-2 有关的四球试验标准方法

方法名称	润滑剂承载能力测定法	润滑剂极压性能测定法	润滑脂极压性能测定法	润滑油摩擦系数测定法	润滑脂抗磨性能测定法	润滑油抗磨性能测定法	
						A法	B法
方法代号	GB/T 3142	GB/T 12583	SH/T 0202	SH/T 0762	SH/T 0204	SH/T 0189	
转速/(r/min)	1450±50	1760±40	1770±60	600±30	1200±50	1200±60	1200±60
油温/℃	室温	初始18-35	27±8	75	75±2	75±2	75±2
时间	10s	10s	10s	10min的倍数	60min±1min	60min±1min	60min±1min
负荷	根据油品性能确定	根据油品性能确定	根据润滑脂性能确定	98.1N并依次递增	392N±2N	147N±2N	392N±4N
结果报告	P_B、P_D、ZMZ	P_B、P_D、LWI	P_B、P_D、ZMZ	每增加98.1N时摩擦系数等	3个钢球的平均磨痕直径的大小		

二、与四球试验有关的基本概念

1. 赫兹直径与赫兹线

用四球法测定润滑剂极压性能时，在静态条件(即没有相对转动)下由于钢球弹性变形引起的凹坑的平均直径称为赫兹直径，以mm表示，其值可按下式计算：

$$D_h = 4.08 \times 10^{-2} P^{1/3} \tag{2-1}$$

式中 D_h——赫兹直径，mm；

P——所加静态负荷，N。

如果静态负荷单位取kgf，则上式应写成：$D_h = 8.73 \times 10^{-2} P^{1/3}$

以赫兹直径为纵坐标，所加静态负荷为横坐标在双对数坐标中作出的一条直线称为赫兹线。

2. 磨痕直径

用四球法测定润滑剂极压性能时，在不同负荷下三个固定钢球上产生的圆形、斑点状、光亮磨痕的平均直径，以 mm 表示。

3. 卡咬

卡咬的一般定义为摩擦表面上金属的局部熔合，从而导致摩擦表面产生严重的黏附和材料迁移，甚至使相对运动停止的现象。

但是，从四球机试验过程来分析，卡咬的含义与一般意义上卡咬的定义并不相符，在所有四球机试验方法中又均未定义何为卡咬，与此相关的另两个概念补偿直径和最大无卡咬负荷也就不严密。

GB/T 12583 方法中定义了初期卡咬区和立即卡咬区，即润滑剂膜可被瞬间破坏所加负荷的区域称为初期卡咬区，油膜瞬时破坏时的特征是磨痕直径增大和摩擦力测量值瞬时增大，以出现卡咬、大的磨痕直径、烧结为特征的区域称为立即卡咬区。由此可见，卡咬的前提是润滑剂膜被破坏，现象是卡咬前后磨痕直径和摩擦力测量值瞬时增大。

4. 补偿直径和补偿线

在存在润滑剂而又不发生卡咬的条件下，在下面的 3 个钢球上产生的光亮、圆斑状磨痕的直径称为补偿直径，以补偿直径的平均值对应所加的负荷，在双对数坐标图中做出的一条直线称为补偿线，见图 2-2。

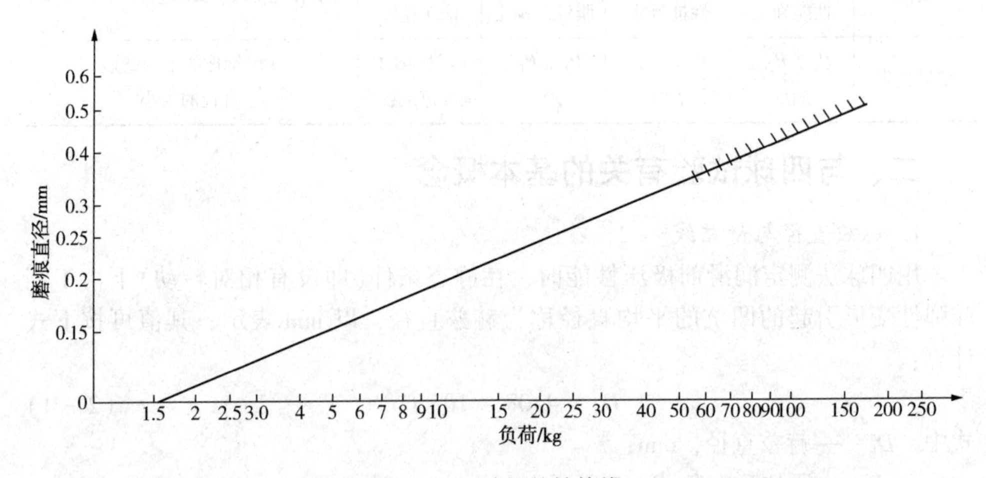

图 2-2　四球机的补偿线

补偿线是如何作出的呢？GB/T 3142 方法的附录给出了一个实例：

① 选择 8 种不同黏度、不同 P_B 点的有代表性的试样，其性质见表 2-3。

表 2-3 测定补偿线的 8 种油样的性质

油样编号	1	2	3	4	5	6	7	8
50℃黏度/(mm^2/s)	22.0	126.8	82.96	157.2	133.4	218	185	333
P_B值/kg	47	67	81	95	126	131	141	200

② 按表 2-4 所示测出各种油样在无卡咬的各个负荷下的磨痕直径，每次试验测定 3 个钢球，每个钢球测平行和垂直于磨痕方向的直径，6 个数值取平均值作为磨痕直径。

表 2-4 测定补偿线的 8 种油样的磨痕直径

负荷 P/kg	各个油样不同负荷下的平均磨痕直径/mm								多个油样的平均磨痕直径 D/mm
	1 号样	2 号样	3 号样	4 号样	5 号样	6 号样	7 号样	8 号样	
36	0.32	0.33	0.32	0.33	0.32	0.33	0.32	0.33	0.325
40	0.33	0.33	0.32	0.33	0.33	0.34	0.33	0.34	0.331
45	0.34	0.35	0.34	0.34	0.34	0.35	0.35	0.35	0.345
50		0.35	0.36	0.34	0.36	0.35	0.35	0.35	0.351
56		0.35	0.37	0.37	0.38	0.38	0.37	0.37	0.370
63		0.39	0.38	0.38	0.38	0.39	0.38	0.38	0.383
71			0.39	0.39	0.40	0.40	0.39	0.39	0.393
79			0.40	0.42	0.41	0.42	0.42	0.41	0.413
89				0.42	0.43	0.43	0.43	0.42	0.426
100					0.44	0.45	0.45	0.45	0.448
112					0.47	0.47	0.46	0.46	0.465
126					0.51	0.49	0.48	0.47	0.488
141							0.52	0.51	0.515
158								0.53	

③ 以试验负荷对应相应的多个油样的磨痕直径的平均值，在双对数坐标图上作出一条代表平均斜度的直线。

④ 将得到的直线外推至 6~315kg，据此查图求出任一负荷下的磨痕直径。

但需注意，某些润滑剂的无卡咬磨痕直径在补偿线以上，即总是大于补偿直径，如甲基苯基硅油、氯化甲基苯基硅油、硅苯撑、苯基醚以及某些石油和氯化石蜡的混合物。

对表 2-4 中数据进行回归分析，结果见表 2-5，由此得回归模型为：

$$\lg D = -1.01961 + 0.335889\lg P \tag{2-2}$$

据此公式也可计算出任一负荷对应的补偿直径，例如 $P = 100$kgf，则

$$\lg D = -1.01961 + 0.335889\lg 100 = -1.01961 + 0.335889 \times 2 = -0.347832$$

$$D = 10^{-0.347832} = 0.448919$$

可见计算值与实测值 0.448mm 一致。

已知赫兹直径与静态负荷的关系为 $D_h = 8.73 \times 10^{-2} P^{1/3}$ ，则静态负荷为 100 kgf 时对应的赫兹直径 $D_h = 0.405$mm，所以在相同负荷下补偿直径总是大于赫兹直径，这是因为钢球的弹性形变区域在有相对滑动时就会产生磨损，在某个时间点磨痕直径刚好等于赫兹直径，但随着滑动距离的延长，磨痕直径就会不断增大，当运转时间为 10s 且未发生卡咬时的磨痕直径就是补偿直径。

表 2-5　回归分析结果

回归统计						
Multiple *R*	0.996897					
R Square	0.993803					
Adjusted *R* Square	0.99324					
标准误差	0.005357					
观测值	13					
方差分析						
	df	*SS*	*MS*	*F*	Significance *F*	
回归分析	1	0.050629	0.050629	1764.054	1.7E-13	
残差	11	0.000316	2.87E-05			
总计	12	0.050944				
	Coefficients	标准误差	*t* Stat	*P*-value	Lower 95%	Upper 95%
Intercept	-1.01961	0.014872	-68.5568	7.89E-16	-1.05234	-0.98687
X Variable 1	0.335889	0.007997	42.00064	1.7E-13	0.318287	0.353491

根据 *F* 值和 *R* 值可见，负荷与补偿直径的对数值之间具有显著的线性相关关系。

对表 2-5 中各结果解释如下：

Multiple *R*、*R* Square 和 Adjusted *R* Square 是表示样本相关性大小的参数。*R* Square 称为复测定系数，是表示回归分析公式的结果反映变量间关系的程度的标志，取值范围在 0~1 之间，如果其值为 1，则样本间有很好的相关性，估计值与实际值之间没有差别，如果其值为 0，则回归公式不能用于预测因变量。Multiple *R* 是复相关系数，又称为相关系数，在数值上 Multiple *R* 的平方等于 *R* Square。Adjusted *R* Square 称为调整复测定系数，仅用于多元回归才有意义，它用于衡量加入独立变量后模型的拟合程度。当有新的独立变量加入后，即使这一变量同因变量之间不相关，未经修正的 R^2(即 *R* Square)也要增大，但调整复测定系数会变小，R Square 与 Adjusted R Square 越接近，表明回归模型越可靠。Adjusted R Square 仅用于比较含有同一个因变量的各种模型，其计算公式为

$$R_a = 1 - \frac{(n-1)(1-R^2)}{n-m-1}$$

式中 n 为样本数，m 为变量数，R^2为复测定系数。对于本例，$n=13$，$m=1$，$R^2=0.9938$，代入上式得

$$R_a = 1 - \frac{(13-1)(1-0.9938)}{13-1-1} = 0.9932$$

标准误差(standard error)对应的即所谓标准误差，表示因变量实测值与回归估计值之间的接近程度，此值越小越好，计算公式为

$$s = \sqrt{\frac{1}{n-m-1}SSe}$$

这里 SSe 为残差平方和，可以从方差分析表中读出，即有 $SSe=0.000316$，代入上式可得

$$s = \sqrt{\frac{1}{13-1-1} \times 0.000316} = 0.00536$$

观测值对应的是样本数目，本例即 $n=13$。

df 对应的是自由度(degree of freedom)，回归分析一行是回归自由度 dfr，等于变量数目，即 $dfr=m$；残差一行为残差自由度 dfe，等于样本数目减去变量数目再减 1，即有 $dfe=n-m-1$；总计一行为总自由度 dft，等于样本数目减 1，即有 $dft=n-1$。对于本例，$m=1$，$n=13$，因此，$dfr=1$，$dfe=13-1-1=11$，$dft=13-1=12$。

SS 对应的是误差平方和，或称变差。回归分析行对应的是回归平方和或称回归变差 SSr，即有

$$SSr = \sum_{i=1}^{n}(\hat{y}_i - \bar{y}_i)^2 = 0.050629$$

它表征的是因变量的预测值对其平均值的总偏差。

残差行对应的是剩余平方和(也称残差平方和)或称剩余变差 SSe，即有

$$SSe = \sum_{i=1}^{n}(y_i - \hat{y}_i)^2 = 0.000316$$

它表征的是因变量对其预测值的总偏差，这个数值越大，意味着拟合的效果越差。

总计一行对应的是总平方和或称总变差 SSt，即有

$$SSt = \sum_{i=1}^{n} (y_i - \bar{y}_i)^2 = 0.050944$$

它表示的是因变量对其平均值的总偏差，容易验证 $SSr+SSe=SSt$。

而复测定系数就是回归平方和在总平方和中所占的比重，即有

$$R^2 = \frac{SSr}{SSt} = \frac{0.050629}{0.050944} = 0.9938$$

显然这个数值越大，拟合的效果也就越好。

MS 一列对应的是均方差，它是误差平方和除以相应的自由度得到的商。显然这个数值越小，拟合的效果也就越好。

F 值用于线性关系的判定，即判断因变量和自变量之间是否偶尔发生过可观察到的关系，换言之，出现较高的 *F* 值是必然的还是由于样本原因产生的偶然结果。

对于一元线性回归，*F* 值的计算公式为

$$F = \frac{R^2}{\frac{1}{n-m-1}(1-R^2)} = \frac{dfeR^2}{1-R^2}$$

F 可与已发布的 *F* 分布表中的值进行比较，或者利用 Excel 的 FDIST 函数计算意外出现较高 *F* 值的概率，即弃真概率，相应的 *F* 分布具有 v_1 和 v_2 自由度，如果 *n* 是数据点的个数，那么 $v_1 = n - dfe - 1$ 且 $v_2 = dfe$，Excel 的 FDIST(F, v_1, v_2) 将返回意外出现的较高 *F* 值的概率。

本例中假设 Alpha 值(置信度)等于 0.05，$v_1 = 13 - 11 - 1 = 1$ 且 $v_2 = 11$，那么查 *F* 分布表得其临界值为 4.84。因为 $F = 1764.054$ 远远大于 4.84，所以意外出现高 *F* 值的可能性非常小。使用 Excel 的 FDIST 可获得意外出现的较高 *F* 值的概率=FDIST(1764.054，1，11) = 1.69639×10^{-13}，一个非常小的概率。于是无论通过在表中查找 *F* 的临界值，还是使用 Excel 的 FDIST 均可以断定，回归公式用于预测负荷与补偿直径的对数值之间的线性关系都十分理想。

Significance *F* 对应的是在显著性水平下的 $F\alpha$ 临界值，在数值上等于弃真概率。所谓“弃真概率”即模型为假的概率，显然 $1-F\alpha$ 便是模型为真的概率，对于本例，置信度=$(1-1.69639 * 10^{-13})\%=(1-1.7 * 10^{-13})\%=99.9\%$。

Coefficients 一栏对应的是模型的回归系数，Intercept 为常数，*X* Variable 1 和 *X* Variable 2 对应的分别为自变量 1 和自变量 2 的系数，必须注意自变量之间的对应关系，本例中自变量 1 为负荷的对数值，没有其他自变量，所以回归方程为：

$$\lg D = -1.01961 + 0.335889\lg P$$

标准误差一栏对应的是回归系数的标准误差，误差值越小，表明参数的精确

度越高。很少使用标准误差，因为其统计信息已经包含在 t 检验中。

t Stat 对应的是统计量 t 值，用于对模型参数的检验，需要查表才能决定。t 值是回归系数与其标准误差的比值，对于一元线性回归，F 值与 t 值都与相关系数 R 等价，因此，相关系数检验就已包含了这部分信息。但是，对于多元线性回归，t 检验就不可缺省了。对于本例，查阅统计手册里的表格，将会发现对于双尾、自由度为 11、Alpha = 0.05 的 t 临界值为 2.201。该临界值还可使用 Excel 的 TINV 函数计算，TINV(0.05，11) = 2.201。本例中负荷对数值的 t 的绝对值为 42.00064，远大于临界值 2.201，则负荷对数值对于估算磨斑直径对数值来说是显著变量。

P-value 对应的是参数的 P 值(双侧)。当 $P<0.05$ 时，可以认为模型在 $\alpha=0.05$ 的水平上显著，或者置信度达到 95%；当 $P<0.01$ 时，可以认为模型在 $\alpha=0.01$ 的水平上显著，或者置信度达到 99%；当 $P<0.001$ 时，可以认为模型在 $\alpha=0.001$ 的水平上显著，或者置信度达到 99.9%。由 P 值(1.7×10^{-13})可见，在 99.9%置信度下负荷对数值对于估算磨斑直径对数值来说是显著变量，与 t 值结论一致。P 值检验与 t 值检验是等价的，但 P 值不用查表，显然要方便得多。

Lower 95%和 Upper 95%是回归系数以 95%为置信区间的上限和下限。

分析表 2-4 可见，在相同负荷下，不同油样的补偿直径并不完全相同，但都非常接近，那么不同油样在相同负荷下的补偿直径是否有显著性差异呢？以油样为单因素对表 2-4 中数据进行方差分析，结果见表 2-6。

表 2-6　以油样为单因素的方差分析结果

方差分析：单因素方差分析						
SUMMARY						
组	观测数	求和	平均	方差		
列 1	3	0.99	0.33	0.0001		
列 2	6	2.1	0.35	0.00048		
列 3	8	2.88	0.36	0.000943		
列 4	9	3.32	0.368889	0.001311		
列 5	12	4.77	0.3975	0.003348		
列 6	12	4.8	0.4	0.0028		
列 7	12	4.73	0.394167	0.002827		
列 8	12	4.72	0.393333	0.002352		

续表

方差分析：单因素方差分析						
方差分析						
差异源	*SS*	*df*	*MS*	*F*	*P*-value	*F* crit
组间	0.02974	7	0.004249	1.943584	0.076462	2.151839
组内	0.144272	66	0.002186			
总计	0.174012	73				

表2-6中*SS*为方差，*df*为自由度，*MS*为均方差，即方差与对应自由度的比值，*F*为组间*MS*除以组内*MS*的计算值，*F* crit通常为95%置信概率下的临界值，*P*-value用于确定某个因子是否显著，通常与alpha值0.05，即95%置信概率进行比较。如果*F*>*F* crit或者*P*-value低于0.05，则该因子是显著的。比较表2-6中*F*和*F*crit，因为*F*<*F*crit，*P*-value大于0.05，故由此证明在相同负荷下不同油样的补偿直径之间没有显著差异，即不同润滑剂的补偿线是接近的，或者说存在润滑剂且不发生卡咬时，相同负荷下的磨痕直径与润滑剂无多大关系，所以可以用一条代表平均斜度的补偿线来表示。

在不发生卡咬的前提下，试验负荷对不同油样是否有区分性呢？以试验负荷为单因素对表2-4中前6行的数据进行方差分析，结果见表2-7。

表2-7　以负荷为单因素的方差分析结果

方差分析：单因素方差分析						
SUMMARY						
组	观测数	求和	平均	方差	标准差	备注
行1	8	2.6	0.325	2.86E-05	0.005345	
行2	8	2.65	0.33125	4.11E-05	0.006409	
行3	8	2.76	0.345	2.86E-05	0.005345	
行4	7	2.46	0.351429	4.76E-05	0.006901	
行5	6	2.24	0.373333	2.67E-05	0.005164	不含0.35这一数据
行6	7	2.68	0.382857	2.38E-05	0.00488	

续表

方差分析：单因素方差分析						
方差分析						
差异源	*SS*	*df*	*MS*	*F*	*P*-value	*F* crit
组间	0.018848	5	0.00377	114.6524	7.48E-22	2.462548
组内	0.001249	38	3.29E-05			
总计	0.020098	43				

测量的标准偏差简称为标准差，也可称之为方均根误差，用符号 σ 表示。标准差越小，任一单次测得值对算术平均值的分散度就越小，即测量精度越高。由表 2-6 可见，不同油样在相同负荷下的磨痕直径的标准差非常小，同时根据误差理论，取多个油样的磨痕直径的平均值则可进一步减小随机误差。同时比较表 2-7中 F 和 Fcrit，因为 $F \gg F$crit，故由此证明试验负荷对油样的补偿直径之间有显著影响，即试验负荷对补偿直径有区分性。

5. 磨痕-负荷曲线

用四球法测定润滑剂极压性能时，以磨痕直径为纵坐标，以相应的所加负荷为横坐标在双对数坐标上做出的一条线，见图 2-3。

图中 *AB* 段称为无卡咬区域，即润滑剂油膜尚未被破坏时所加的负荷区域。

BC 段称为延迟卡咬区域，即润滑剂膜可被瞬间破坏所加负荷的区域，油膜瞬时破坏可由磨痕直径增大和摩擦力测量值瞬时增大看出，在 GB/T12583 方法中又称为初期卡咬区。

CD 段称为接近卡死区域，即以出现卡咬、大的磨痕直径、烧结为特征的区域，在 GB/T 12583 方法中又称为立即卡咬区。

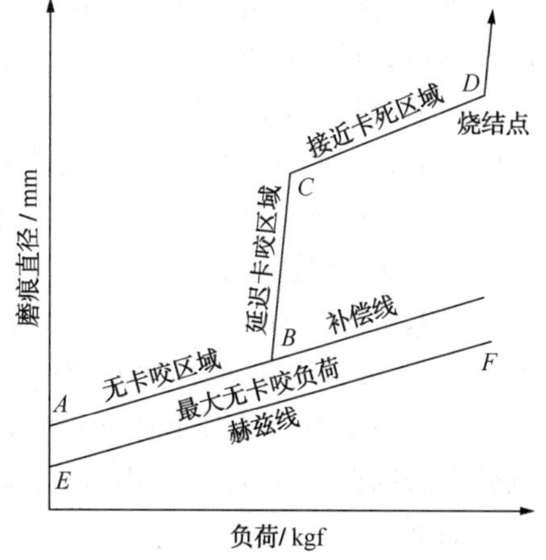

图 2-3　磨损-负荷曲线

显然不同的润滑剂具有不同的磨损-负荷曲线，即 *AB* 段、*BC* 段和 *CD* 段的区域范围随润滑剂的不同而变化。

6. 最大无卡咬负荷 P_B

用四球法测定润滑剂极压性能时，在规定条件下钢球不发生卡咬的最高负荷。

P_B值的大小代表油膜强度的高低。

如何测定出P_B呢？四球试验标准中的描述是在最大无卡咬负荷P_B下的磨痕直径不得大于相应的补偿线上的磨痕直径(即补偿直径)的5%。该描述显然是不准确的，极易产生歧义，正确的描述应该是在最大无卡咬负荷P_B下的磨痕直径不得大于相应的补偿线上的磨痕直径(即补偿直径)的1.05倍，换言之，即当某一负荷下的实测磨痕直径大于该负荷下对应的补偿直径的1.05倍就认为在该负荷下发生了卡咬。

空军油料研究所的徐敏探讨了我国GB/T 3142和原苏联的有关四球机试验方法的区别，发现ГОСТ9490中判断P_B点的方法与我国标准GB/T3142不一致。表2-8列举了两者判断P_B点的数据表。从表中数据可以看出，对于相同的负荷，允许达到的最大无卡咬磨痕直径相差很大，GB/T3142方法是将补偿直径的1.05倍作为判据，而ГОСТ9490是将补偿直径加上0.15mm作为判据。

表2-8　GB/T 3142和ГОСТ9490判断P_B点的D-P数据对比

P/kg	9	19	28	38	48	61	76	88	107	128	152	181	201	238	263
$(D_{补}+0.15)$/mm	0.33	0.38	0.41	0.44	0.46	0.49	0.51	0.53	0.56	0.58	0.61	0.63	0.65	0.68	0.70
$D_{补}(1+5\%)$/mm	0.21	0.27	0.31	0.34	0.37	0.40	0.43	0.45	0.48	0.51	0.54	0.57	0.59	0.62	0.64

哪个判据更为合理呢？由表2-7和表2-8可知，在负荷为36kg(表2-7中行1)时磨痕直径的标准差为$\sigma_{36}=0.005345$，其$3\sigma_{36}=0.016035$，磨痕直径标准差最大的是50kg(表2-7中行4)负荷下的数据$\sigma_{50}=0.006901$，其$3\sigma_{50}=0.020703$，显然0.15mm比$3\sigma_{50}$还大一个数量级。这里借用数据分析中的粗大误差概念，以3σ准则(又称莱以特准则)为判据进行说明。

3σ准则是最常用也是最简单的判别粗大误差的准则，对于某一测量列，其残余误差落在$\pm3\sigma$以外的概率约为0.3%，即在300次测量中只有一次其残余误差$|v_i|>3\sigma$，而ГОСТ9490方法中的0.15mm可以理解为磨痕直径与补偿直径之间的残余误差，显然任何一次测量的残余误差都大于3σ，由此判断原苏联的试验方法判据不合理。那GB/T 3142方法的判据合理吗？下面以最小二乘法原理推导如下：

设以补偿直径的a倍为判据，即当某一负荷下的磨痕直径大于对应的补偿直径的a倍时认为卡咬，而一旦发生卡咬，则磨痕直径必然偏离补偿线，当磨痕直径与补偿直径的差值大于3σ时，认为此时的结果不是由于随机误差引起的，而是润滑状态发生了变化，即发生了卡咬。

设卡咬时磨痕直径等于补偿直径的a倍，为了求得a的最佳估计值，利用表2-7中的平均磨痕直径(即补偿直径)和标准差则可得到下列方程组：

$0.325a-0.325=3\times0.005345$

$0.33125a-0.33125=3\times0.006409$

$0.345a-0.345=3\times0.5345$

$0.351429a-0.351429=3\times0.006901$

$0.373333a-0.373333=3\times0.005164$

$0.382857a-0.382857=3\times0.00488$

整理后得：

$0.341035=0.325a$

$0.350477=0.33125a$

$0.361035=0.345a$

$0.372132=0.351429a$

$0.388825=0.373333a$

$0.397497=0.382857a$

以矩阵形式表示，令：

$L=[0.341035; 0.350477; 0.361035; 0.372132; 0.388825; 0.397497]$

$A=[0.325; 0.33125; 0.345; 0.351429; 0.373333; 0.382857]$

由表2-7知各行数据个数不相同，故以数据个数作为权，进行不等精度的最小二乘法求解，则权矩阵为：

$P=[8, 0, 0, 0, 0, 0; 0, 8, 0, 0, 0, 0; 0, 0, 8, 0, 0, 0; 0, 0, 0, 7, 0, 0; 0, 0, 0, 0, 6, 0; 0, 0, 0, 0, 0, 7]$

求解得：$a=(A^{T}PA)^{-1}A^{T}PL=1.0485$

式中　A^{T}——A 的转置矩阵；

$(A^{T}PA)^{-1}$——A 的转置矩阵乘以权矩阵再乘以 A 矩阵所得矩阵的逆矩阵。

由此可见，当 a 大于1.0485时磨痕直径就肯定会偏离补偿线，考虑到随机误差的影响，GB/T3142将补偿直径的1.05倍作为判据是合理的。

至此，关于四球机试验中卡咬的含义可以理解如下：在标准四球机试验中(如按照GB/T3142方法进行)，当负荷的对数值与磨痕直径的对数值之间线性关系不显著时就表示发生了卡咬，其表现是磨痕直径显著增大和摩擦力测量值瞬时增大，就润滑剂而言，影响卡咬的因素主要是油品的黏度、油性和极压性，所以标准方法中对 P_B 值物理意义(即 P_B 值的大小代表油膜强度的高低)的解释是不全面的，关于 P_B 值的物理意义后文还会继续讨论。

7. 烧结点 P_D

用四球法测定润滑剂极压性能时，在规定条件下使钢球发生烧结的最低负荷。

烧结点曾称为烧结负荷，它表示润滑剂的极限工作能力。

8. 综合磨损值和综合磨损指数

用四球法测定润滑剂极压性能时，在规定条件下得到的若干次校正负荷的平均值。综合磨损值在 GB/T 12583 方法中又称为负荷–磨损指数，它表示润滑剂的平均极压性能。

9. 校正负荷

用四球法测定润滑剂极压性能时，在规定条件下所加负荷乘以该负荷下赫芝直径与实测磨痕直径的比值所得到的结果。

计算校正负荷的目的是为了计算综合磨损值。

第三节　润滑剂极压性能测定法

四球机极压试验指 GB/T 3142 润滑剂承载能力测定法、GB/T 12583 润滑剂极压性能测定法、SH/T 0202 润滑脂极压性能测定法，这三个方法的测定指标是最大无卡咬负荷 P_B、烧结点 P_D、综合磨损值 *ZMZ* 或综合磨损指数 *LWI*。

一、准备工作与操作过程

① 启动电机空转 2~3min。对于较长时间未使用的四球机，空转是必须的，是保证机械和电子设备运行稳定的有效措施。

② 用溶剂汽油清洗钢球、油盒、夹具及其他在试验过程中与试样接触的零部件，再用石油醚洗两次，然后用热风吹干，清洗后的钢球应光洁无锈斑(每种试样试验结束后，都要重复上述步骤为下次试验作好准备)。

钢球及与试样接触的零部件的洁净程度是影响试验结果的重要因素，所以清洗次数并不是说清洗两次就一定能满足要求，特别是当进行润滑脂试验时，由于润滑脂的黏附力强，必须清洗多次，一个基本的判断依据是石油醚不再变色。在 ASTM D2783 方法中推荐使用正庚烷作为清洗溶剂，由于正庚烷的价格远远高于石油醚，故我国用石油醚清洗是合理的，但应注意不要使用本身具有承载能力的溶剂，如四氯化碳，尽管其具有特别好的清洗效果。

清洗后的钢球及有关的零部件要用热风吹干，其目的并不是让石油醚尽快蒸发，而是为了防止其在钢球及零部件上产生凝露。仔细观察可见，刚用石油醚清洗后的钢球表面是不光亮的，环境温度越高，此现象越明显，原因就是由于石油醚的蒸发，导致钢球表面温度低于环境温度，于是空气中的水分就会在钢球上产生凝露，如果不用热风吹干，则由于水的极性大于油品及添加剂，水在钢球表面的吸附就会影响油膜和吸附膜的强度，导致试验结果偏低。

③ 将钢球分别固定在四球机的上球座和油盒内。把试样倒入油盒中，让

试样浸没钢球，只要试样浸没钢球，试油量的多少对试验结果没有影响，反之，如果试样没有浸没钢球则可能造成试验结果偏低。如果是试验润滑脂，则先在油盒中放上足够数量的润滑脂，把球嵌入润滑脂中，放上压环，拧紧螺帽固紧油盒，抹平表面的润滑脂并调整到压环与螺帽的接合处。试样中不能有空穴存在。

研究表明，当扭力扳手对螺母施加的扭矩为68N·m±7N·m（6.93kgf·m±0.71 kgf·m)时，可提高重复性，当施加的扭矩近似于136 N·m 时，烧结点会明显偏低。

由于夹头不断地经受磨损和卡咬，因此每次试验前应仔细检查夹头，如果发现试验钢球与夹头不能紧密结合或夹头有咬伤痕迹，应及时更换。

④ 把装好试样和钢球的油盒正中地安放在上球座下面，在油杯和导向柱中间放上圆盘架，放出加载杠杆并把规定的负荷加到钢球上。加载时应避免冲击。其他加载方式的四球机可根据说明书的要求，进行加载。

⑤ 加载后，启动电动机，从启动到关闭的试验时间为10s，该时间由时间继电器自动控制。

⑥ 每次试验后，测量油盒内任何一个钢球的纵横两个方向的磨痕直径。

二、关于最大无卡咬负荷 P_B的测定

测定 P_B时要求在最大无卡咬负荷 P_B下的磨痕直径不得大于相应的补偿线上的磨痕直径(即补偿直径)的105%。因为不同油品的补偿线是接近的，而补偿线又是在无卡咬的前提下得到的，所以只要磨痕直径大于相应的补偿直径的1.05倍，则该负荷必定大于 P_B，该结论已在前文中进行了证明。当所加负荷小于 P_B时，则磨痕直径即为补偿直径，又由于补偿线是用一条代表平均斜度的直线表示的，所以有些油品无论多大负荷下的磨痕直径可能总比相应的由这条代表平均斜度的补偿线确定的补偿直径大，所以将补偿直径的1.05倍作为比较的依据是可行的，同时也是合理的。当某一负荷下的磨痕直径小于相应补偿直径的1.05倍，则认为该负荷小于 P_B，当所加负荷小于 P_B时，则增大负荷重复准备工作与操作过程中所述步骤③~⑥。当所加负荷大于 P_B时，则减小负荷重复准备工作与操作过程中所述步骤③~⑥。当大于 P_B的负荷和小于 P_B的负荷之差符合表2-9时，则停止试验，取刚才进行比较的较小的负荷为 P_B值。

表 2-9 最大无卡咬负荷测定要求(适用于 GB/T 3142 和 GB/T 12583 方法)

P_B值范围	误 差
$P_B \leqslant 392N$	20N
$402N \leqslant P_B \leqslant 784N$	29N
$794N \leqslant P_B \leqslant 1177N$	49N
$1187N \leqslant P_B \leqslant 1569N$	69N
$P_B > 1569N$	98N

为简化试验程序，方法提供了用以判断 P_B 点的 $P \sim D_{补偿}(1+5\%)$ 表，对于 GB/T 3142 法，见表2-10，对 GB/T 12583 方法，见表2-11。表中 $D_{补偿}$表示与负荷 P 相应的补偿直径。

表 2-10 用以判断 P_B点的 $P \sim D_{补偿}(1+5\%)$表(适用于 GB/T 3142 方法)

P/kgf	9	10	11	13	15	17	19	21	23	25	28	31	34	38	40
$1.05D_{补偿}$/mm	0.21	0.22	0.23	0.24	0.25	0.26	0.27	0.28	0.29	0.30	0.31	0.32	0.33	0.34	0.35
P/kgf	44	48	52	56	61	66	71	76	82	88	94	100	107	114	121
$1.05D_{补偿}$/mm	0.36	0.37	0.38	0.39	0.40	0.41	0.42	0.43	0.44	0.45	0.46	0.47	0.48	0.49	0.50
P/kgf	128	135	143	152	161	171	181	191	201						
$1.05D_{补偿}$/mm	0.51	0.52	0.53	0.54	0.55	0.56	0.57	0.58	0.59						

注：负荷介于二格之间，则取后一格数值，如 P=120kgf，则取 $D_{补偿}(1+5\%)$= 0.50mm。

表 2-11 判断 P_B点的 $P \sim D_{补偿}(1+5\%)$(适用于 GB/T 12583 方法)

P/N(kgf)	98(10)	108(11)	118(12)	127(13)	137(14)	157(16)	177(18)	196(20)	216(22)
$1.05D_{补偿}$/mm	0.22	0.23	0.23	0.24	0.25	0.26	0.27	0.28	0.29
P/N(kgf)	235(24)	255(26)	275(28)	294(30)	314(32)	333(34)	353(36)	373(38)	392(40)
$1.05D_{补偿}$/mm	0.30	0.30	0.31	0.32	0.33	0.33	0.34	0.35	0.35
P/N(kgf)	412(42)	431(44)	461(47)	490(50)	510(52)	530(54)	559(57)	588(60)	618(63)
$1.05D_{补偿}$/mm	0.36	0.36	0.37	0.38	0.39	0.39	0.40	0.40	0.41
P/N(kgf)	637(65)	667(68)	696(71)	726(74)	755(77)	784(80)	834(85)	883(90)	932(95)
$1.05D_{补偿}$/mm	0.42	0.42	0.43	0.44	0.44	0.45	0.46	0.47	0.47
P/N(kgf)	981(100)	1020(104)	1069(109)	1118(114)	1167(119)	1236(126)	1294(132)	1363(139)	1432(146)
$1.05D_{补偿}$/mm	0.48	0.49	0.50	0.50	0.51	0.52	0.53	0.54	0.55
P/N(kgf)	1500(153)	1569(160)	1667(170)	1765(180)	1863(190)	1961(200)			
$1.05D_{补偿}$/mm	0.56	0.57	0.58	0.59	0.60	0.61			

以 GB/T 3142 方法测定某油为例说明如下：某油在 80kgf 负荷下测得的磨痕直径为0.47mm，而由表2-10查知80kgf负荷下 $D_{补偿}(1+5\%)$ 为0.44mm，则可以断定该油的 P_B 值小于 80kgf。为了达到对 P_B 测定误差的要求，当 P_B 介于 41 至 80kgf 时，允许的误差为 3kgf，但表中所列出的负荷中，任两级之差均大于 3kgf，如负荷为 61kgf，得到的磨痕直径小于 0.40mm，则断定 P_B 值大于 61kgf，而负荷为 66kgf 时，得到的磨痕直径大于 0.41mm，则判定 P_B 值小于 66kgf，由此得到 P_B 值介于 61kgf 和 66kgf 之间，如取 $P_B=61$kgf，而真正的 $P_B=65$kgf，则误差为 65-61=4kg，超过了误差范围，此时必须在 61 和 66kgf 之间再做一次试验，如施加负荷为 64kgf，但表中没有 64kgf 对应的 $D_{补偿}(1+5\%)$ 值，此时依据下列原则判断：

当负荷介于二格之间时，则取后一格的 $D_{补偿}(1+5\%)$ 数值。

依据上述原则将 64kgf 负荷下得到的磨痕直径与 0.41mm 比较，如磨痕直径小于 0.41mm，则取 $P_B=64$kgf，如磨痕直径大于 0.41mm，则取 $P_B=61$kgf。

必须注意，测定最大无卡咬负荷的唯一依据是磨痕直径，即将某一负荷下的实测磨痕直径与相应负荷下的补偿直径的 1.05 倍进行比较，试验现象(如试验中出现尖锐的声音)只能作为参考，而不能作为发生了卡咬的依据。现将笔者的亲身经历作为案例介绍如下：某润滑油生产企业与笔者合作研发一种汽车减震器油，最大无卡咬负荷作为其中的一个关键指标，润滑油生产企业的测定结果总是低于笔者所在实验室的测试结果，起初怀疑两家所用钢球有差异，后用相同钢球进行比较，结果仍是如此。无奈之下，笔者亲临该润滑油生产企业与实验人员一起试验，此时才发现原因所在，原来实验员居然从来没用过测量显微镜，与其交流得知，其师傅教给他判断 P_B 的方法是当听到钢球发出尖锐声音时的负荷就是最大无卡咬负荷。事实上，钢球发出尖锐声音时不一定发生卡咬，而发生卡咬时也不一定就发出尖锐声音。

三、关于烧结负荷 P_D 的测定

在四球试验中，共将试验负荷分为 22 个级别，起始负荷 59N，最高负荷 7845N，整个负荷级别整体上呈几何级数，公比约为 1.26，即前一级负荷值乘以 1.26，再按取整数原则处理即得到后一级负荷。关于负荷级别也可用另一种表述，即各负荷级别的对数值呈等差数列，公差为 0.1，或者为前一负荷级别的对数值加上 0.1 后的逆对数值按取整数原则处理得到后一级负荷。但是，实际计算结果与方法规定的负荷值并不完全相同，特别是采用牛顿作单位时更为明显。见表 2-12。

表 2-12 四球试验级别

负荷级别	负荷 L/N(kgf)	LDh 系数/ $N\cdot mm(kg\cdot mm)$	平均磨痕直径 X/mm	校正负荷 (LDh/X)/N(kgf)
1	59(6)	9.32(0.95)		
2	78(8)	13.73(1.40)		
3	98(10)	18.44(1.88)		
4	127(13)	26.18(2.67)		
5	157(16)	34.52(3.52)		
6	196(20)	46.48(4.74)		
7	235(24)	59.33(6.05)		
8	314(32)	86.98(8.87)		
9	392(40)	117.28(11.96)		
10	490(50)	157.88(16.10)		
11	618(63)	214.36(21.86)		
12	784(80)	294.96(30.08)		
13	981(100)	397.14(40.50)		
14	1236(126)	541.29(55.20)		
15	1569(160)	743.29(75.80)		
16	1961(200)	1002.17(102.20)		
17	2452(250)	1348.33(137.50)		
18	3089(315)	1834.70(187.10)		
19	3922(400)	2529.95(258.00)		
20	4903(500)	3402.68(347.00)		
21	6080(620)	4530.37(462.00)		
22	7845(800)	6364.09(649.00)		

测定烧结负荷 P_D 时，可根据所测试油的种类确定起始负荷，如内燃机油可从 981N 开始，齿轮油可从 1569N 开始，如无法估计，一般从 784N 负荷开始，按表 2-12 规定的负荷级别依次进行试验，直到烧结发生为止。要求重复一次，若两次均烧结，则试验时采用的负荷就作为烧结负荷。如果第二次重复试验不发生烧结，则需要用较大的负荷进行新的试验和重复试验。发生烧结时应及时关闭电动机，否则会引起严重的磨损，或钢球与夹头甚至与上轴烧结在一起。下列现象可帮助判断是否发生了烧结：

① 摩擦力数值剧烈波动。

② 电动机噪声增加。

③ 油盒冒烟。

④ 加载杠杆臂突然降低。

某些极压性能很强的润滑剂还未达到真正烧结，钢球的磨痕直径已达到极限值，则把产生最大磨痕直径 4mm 的负荷作为烧结点，有的润滑剂在极高的负荷下都不烧结，就做到机器的极限负荷 7845N 为止。

测定烧结负荷时所施加的负荷值必须与四球试验级别的数值一致，曾有人想当然地认为四球机的负荷级差太大，于是在两级负荷之间再选定一个负荷进行试验，貌似提高了试验准确度，但事实上忽视了四球机的区分性，这由四球机试验的精密度可以证明，GB/T 3142、GB/T 12583 和 SH/T 0202 三个方法对烧结负荷的重复性要求均为不大于一级负荷，所以在两级负荷之间再选定一个负荷进行试验是没有意义的。

此外 GB/T 3142、GB/T 12583 和 SH/T 0202 三个方法均要求进行重复试验，并以两次均烧结时所采用的负荷作为烧结负荷。笔者曾作为 GB/T 12583 方法中附录 A 负荷–磨损指数(*LWI*)快速计算法的研究工作者，在进行再现性试验时，回收的试验结果中问题最多的就是烧结负荷这一指标。例如 1 号油的烧结负荷中位值为 3922N，甲单位则报告该油的烧结负荷为 3922N 和 4903N，乙单位则报告该油的烧结负荷为 4412N。经回访才明白，甲单位进行烧结负荷测定时，当负荷为 3922N 时烧结，但重复时却未烧结，于是增大一级负荷，即在 4903N 负荷下试验，第一次烧结，重复一次也烧结，但由于报告人不清楚究竟该报告烧结负荷为 3922N 还是 4903N，故把两个结果都报了；乙单位的试验过程与结果与甲单位完全相同，报告人同样不清楚究竟该报告烧结负荷为 3922N 还是 4903N，于是想当然地将 3922N 和 4903N 取平均值，这才出现了烧结负荷为 4412N 的荒唐数据。按照 GB/T 3142 和 GB/T 12583 方法的规定，甲、乙两单位正确的试验结果应为烧结负荷为 4903N。

四、关于综合磨损值 *ZMZ* 和负荷磨损指数 *LWI* 的测定

GB/T 3142 和 GB/T 12583 方法测定 *ZMZ*/*LWI* 均采用 RIA 法，即 10 点法，它等于烧结点以前的十级负荷(负荷级数详见表 2–12)的校正负荷的平均值。又由于采用了平均补偿线而使实际实验次数少于 10 次，即 P_B 点以前的负荷级别直接采用平均校正负荷而不必要每次测定。对 GB/T 3142 方法而言，所谓的十级负荷当烧结负荷大于 3922N(400kgf)时并不是表 2–12 中某十级负荷的校正负荷的平均值，而是经过了加权处理，但名义负荷仍是十级。

为什么计算综合磨损值 *ZMZ* 和负荷磨损指数 *LWI* 时要用校正负荷呢?

综合磨损值和负荷磨损指数的物理意义是表示润滑剂的平均极压性能，而校正负荷是在规定条件下所加轴向负荷乘以该负荷下赫兹直径与实测磨痕直径的比值所得到的结果。如果不用校正负荷而用轴向负荷计算综合磨损值或负荷磨损指数会出现什么情况呢?其结果是只要试油的烧结负荷相同，则所有试油的综合磨损值或负荷磨损指数肯定也是相同的，事实是具有相同烧结负荷的试油其最大无卡咬负荷多半是不相同的，在相同负荷下的磨痕直径也是不相同的。由此可见，不同负荷下对应的磨痕直径能反映试油的性能差异，所以烧结前十级负荷对应的各级负荷下的磨痕直径的平均值在物理意义上与综合磨损值和负荷磨损指数的物理意义是一致的。校正负荷既与轴向负荷有关，又与各级负荷下的磨痕直径有关，所以将校正负荷作为计算综合磨损值和负荷磨损指数的中间参数是合理的。从量钢上讲，综合磨损值和负荷磨损指数的量钢是牛顿，这也符合人们的习惯。

1. GB/T3142 方法综合磨损值的测定

GB/T3142 方法的综合磨损值按以下公式计算：

$$ZMZ=\frac{A+B/2}{10}=\frac{A_1+A_2+B/2}{10} \tag{2-3}$$

式中 A——当 P_D 大于 400kgf 时，A 为 315kgf(含)以前的 9 级校正负荷的总和；当 P_D 小于或等于 400kgf 时，A 为烧结前 10 级校正负荷的总和；

B——当 P_D 大于 400kgf 时，B 为从 400kgf 开始至烧结以前的各级校正负荷的算术平均值；当 P_D 小于或等于 400kgf 时，B 为零；

A_1——P_B 点以前，即补偿线上的那部分校正负荷的总和，可由表 2-13 查得；

A_2——P_B 点以后，315kgf(含)以前的各级校正负荷的总和。

测定综合磨损值 *ZMZ* 时，可分为两种情况：

① 已知试样的 P_B 值。首先确定试样的 P_B 点在表 2-12 中属于那一个负荷级，然后从比 P_B 点高一级的负荷开始，按表中规定的负荷级别逐级加大载荷试验，测出每一级负荷对应的磨痕直径，直到烧结为止。

② 未知试样的 P_B 值。根据试样的性质，确定一个与试样 P_B 估计值接近的负荷级别进行试验，如该负荷级别大于试样的 P_B 值，则逐级降低负荷直到该级负荷小于 P_B 为止。然后再从首选负荷开始逐级加大负荷直至烧结为止；如首选负荷小于 P_B，则逐级加大负荷直到烧结为止。

根据试样的 P_B 和 P_D 查表 2-13 可求得 A_1，即以 P_D 为横轴，以 P_B 为纵轴，两轴的交叉点即为 A_1。如果 P_B 值介于两级负荷之间，则以低于 P_B 值的那级负荷为准。

表 2-13　补偿线上校正负荷总和表(用于 GB/T 3142)

最大无卡咬负荷 P_B/kgf	烧结负荷 P_D/kgf										
	800	620	500	400	315	250	200	160	126	100	80
315	1226	1226	1226	1262							
250	937	937	937	973	1003						
200	708	708	708	774	774	795					
160	526	526	526	562	591	613	631				
126	380. 5	380. 5	380. 5	416. 8	445. 9	467. 5	485. 6	500			
100	265. 7	265. 7	265. 7	302. 0	331. 0	352. 7	370. 8	385. 2	396. 9		
80	174. 9	174. 9	174. 9	211. 2	240. 2	261. 9	279. 9	294. 4	306. 1	315. 1	
63		102. 3	102. 3	138. 5	167. 6	189. 3	207. 3	221. 7	233. 4	242. 5	249. 7
50			45. 5	81. 7	110. 7	132. 5	150. 5	164. 9	176. 6	185. 7	192. 9
40				36. 2	65. 3	87. 0	105. 0	119. 4	131. 2	140. 2	147. 4
32					29. 1	50. 8	68. 8	83. 2	94. 9	104. 0	111. 2
24						21. 7	39. 7	54. 1	65. 8	74. 9	82. 1
20							18. 0	32. 4	44. 2	53. 2	60. 4
16								14. 4	26. 1	35. 2	42. 4
13									11. 7	20. 8	24. 0
10										9. 0	16. 3
8											7. 2

计算 A_2时，首先计算出 P_B 至 315kgf(含)之间的各级负荷的校正负荷，然后将各级校正负荷求总和即为 A_2，如 P_D 小于 315kgf，则算至烧结负荷级别的前一级。

当 P_D 大于 400kgf 时，才计算 B，即计算出 400kgf 负荷级至烧结负荷前一级的各级校正负荷，然后计算各级校正负荷的算术平均值。

如何计算校正负荷呢？根据校正负荷的定义：用四球法测定润滑剂极压性能时，在规定条件下所加负荷乘以该负荷下赫兹直径与实测磨痕直径的比值，由此可见，要计算校正负荷，首先要测定出每级负荷下的赫兹直径与磨痕直径，磨痕直径在实验过程中已经测定了，那是否每次实验都要测定赫兹直径呢？表 2-12 中给出了 *LDh* 系数，即所加负荷乘以该负荷下赫兹直径后的数值，所以计算校正负荷时用 *LDh* 系数除以该负荷下的磨痕直径即得到校正负荷。如试验负荷为 160kgf，则该级负荷下的校正负荷等于 75. 80 除以该级负荷下的磨痕直径。

将 A_1、A_2、B 代入公式即可求得 *ZMZ*。

例如某试油的试验结果见表 2-14，计算其综合磨损值。

表 2-14　某试油的 GB/T 3142 测定数据

负荷/kgf	100	126	160	200	250	315	400	500	620	800
磨痕直径/mm	0.45	0.60	0.70	0.80	0.90	1.00	1.50	2.00	2.50	烧结

根据表 2-10 判断，该油的 P_B 值大于 100 小于 126kgf，在表 2-13 纵座标中找到 100，在横座标中找到 800，其交叉点上的数据为 265.7，即 $A_1=265.7$kgf。

计算 A_2：$A_2=55.2/0.6+75.8/0.7+102.2/0.8+137.5/0.9+187.1/1.0=667.9$

计算 B：$B=(258/1.5+347/2.0+462/2.5)/3=176.8$

$$ZMZ=\frac{A_1+A_2+B/2}{10}=\frac{265.7+667.9+176.8/2}{10}=102$$

2. GB/T 12583 方法综合磨损指数的测定

GB/T 12583 方法的综合磨损指数按以下公式计算：

$$LWI=\frac{A}{10}=\frac{A_1+A_2}{10} \tag{2-4}$$

式中　A——烧结负荷前十级校正负荷的总和；

A_1——补偿线上的那部分校正负荷的总和，由表 2-15 查得，同样要注意 P_B 点的靠级，处理方法同 GB/T3142；

A_2——最大无卡咬负荷 P_B 以后，烧结负荷 P_D 以前的各级校正负荷的总和。

一些特殊油品在任何负荷下所测得的磨痕直径均大于 $D_{补偿}(1+5\%)$，对此类样品则在烧结点以前的十级负荷都必须测出磨痕直径，然后计算这十级负荷的校正负荷的总和，再除以 10 即为 LWI。

表 2-15　补偿线上校正负荷总表(用于 GB/T 12583)

最大无卡 咬负荷 P_B/N(kgf)	烧结点 P_D/N(kgf)										
	7845 (800)	6080 (620)	4903 (500)	3922 (400)	3089 (315)	2452 (250)	1961 (200)	1569 (160)	1236 (126)	981 (100)	784 (80)
1961 (200)	5715 (583)	6266 (639)	6707 (684)	7060 (720)	7345 (749)	7551 (770)					
1569 (160)	4020 (410)	4570 (466)	5011 (511)	5364 (547)	5648 (576)	5854 (597)	6031 (615)				
1236 (126)	2646 (269.8)	3195 (325.8)	3633 (370.5)	3991 (407)	4266 (435)	4481 (457)	4648 (474)	4795 (489)			

续表

最大无卡咬负荷 P_B/N(kgf)	烧结点 P_D/N(kgf)										
	7845 (800)	6080 (620)	4903 (500)	3922 (400)	3089 (315)	2452 (250)	1961 (200)	1569 (160)	1236 (126)	981 (100)	784 (80)
981 (100)	1566 (159.7)	2116 (215.8)	2554 (260.5)	2909 (296.7)	3190 (325.3)	3402 (346.9)	3573 (364.4)	2707 (378)	3824 (390)		
784 (80)	702 (71.6)	1252 (127.7)	1691 (172.4)	2046 (208.6)	2326 (237.2)	2532 (258.2)	2709 (276.3)	2844 (290)	2961 (302)	3050 (311)	
618 (63)		550 (56.1)	1988 (100.8)	1343 (137)	1624 (165.6)	1885 (187.1)	2007 (204.7)	2146 (218.8)	2259 (230.4)	2347 (239.3)	2419 (246.7)
490 (50)			438 (44.7)	793 (80.9)	1074 (109.5)	1285 (131)	1457 (148.6)	1595 (162.7)	1709 (174.3)	1796 (183.2)	1869 (190.6)
392 (40)				355 (36.2)	635 (64.8)	847 (86.4)	1019 (103.9)	1157 (118)	1271 (129.6)	1359 (138.6)	1431 (145.9)
314 (32)					280 (28.6)	492 (50.2)	664 (67.7)	802 (81.8)	916 (93.4)	1004 (102.4)	1076 (109.7)
235 (24)						212 (21.6)	383 (39.1)	522 (53.2)	635 (64.8)	724 (73.8)	795 (81.1)
196 (20)							173 (17.6)	310 (31.6)	424 (43.2)	512 (52.2)	581 (59.2)
157 (16)								138 (14.1)	252 (25.7)	339 (34.6)	412 (42)
127 (13)									114 (11.6)	202 (20.6)	274 (27.9)
98 (10)										88 (9.0)	160 (16.3)
78 (8)											73 (7.4)

以表 2-14 中试验数据为例，对 GB/T 12583 方法计算 *LWI* 的过程说明如下：

根据表 2-11 判断，该油的 P_B 值大于 100kgf 小于 126kgf，在表 2-15 纵座标中找到 981N(100kgf)，在横座标中找到 7845N(800kgf)，其交叉点上的数据为 1566N(159.7kgf)，即 A_1=1566N(159.7kgf)。

计算 A_2：A_2=55.2/0.6+75.8/0.7+102.2/0.8+137.5/0.9+187.1/1.0+258/

1.5+347/2.0+462/2.5=1198.3kgf；

$LWI=(A_1+A_2)/10=(159.7+1198.3)/10=135.8$kgf

由此可见，由于GB/T 3142方法与GB/T 12583方法计算公式的不同，相同的试验数据其综合磨损值和综合磨损指数却不相同。当然，相同负荷下同一油样采用GB/T 3142方法与GB/T 12583方法分别测定时，其磨痕直径肯定是不相同的，该问题留待后文讨论。

由于*LWI*的测定比较麻烦，对大批量样品的筛选试验尤其是如此，范新华和笔者在大量试验的基础上，提出了*LWI*的快速计算法，详见GB/T 12583方法的附录A：负荷-磨损指数(*LWI*)快速计算法。具体方法如下：

首先按GB/T 12583方法测出试样的P_B和P_D，然后按公式计算，计算*LWI*时首先考虑P_B和P_D的级差。

当P_B与P_D的级差≤2时，$LWI=0.230P_B+0.130P_D$

当$P_D\geq6080$N或P_B与P_D的级差≥8时，$LWI=0.184P_B+0.092P_D+4.9$

当$P_D\leq1569$N时，$LWI=0.116(P_B+P_D)$

当1961N≤P_D≤4903N时，$LWI=0.116(P_B+P_D)+3.6$

五、关于润滑脂极压性能的测定

SH/T 0202方法所规定的在极压四球机上测定润滑脂极压性能的方法除试样温度和加注试样的方法外，其他所有操作、判断和计算均与GB/T 12583方法完全相同。

由于润滑脂的稠度与其温度有关，所以方法对试样温度作了较严格的规定，即27℃±8℃。

由于润滑脂不能像润滑油那样自由流动，这就决定了将润滑脂加注至油盒的方法不同于润滑油。具体方法是：将温度为27℃±8℃的润滑脂装满油盒，填装时避免带进气泡，然后把三个干净的钢球嵌入油盒中，小心地将固定环压在三个钢球上，拧紧固定螺帽，刮走从固定螺帽压出的多余润滑脂。

SH/T 0202方法中综合磨损值ZMZ的含义与计算与GB/T 12583方法中的综合磨损指数完全相同，虽然其名称与符号与GB/T 3142方法一致。

六、试验精确度

精密度是指在确定条件下，将测试方法实施多次，求出所得结果之间的一致程度。考虑精密度的原因主要是因为假定在相同的条件下对同一或认为是同一的物料进行测试，一般不会得到完全相同的结果。许多不可控的因素不可避免地会产生随机误差从而影响测量结果的精密度，这些因素包括：操作人员、仪器、仪器的精度和稳定性、工况条件以及测试的时间间隔等。精密度的高低通常用重复性和再现性表示。

重复性：在完全相同的实验条件下(即同一个实验操作人员、同一台实验设备、同一个实验室)并在短时间内，采用相同的试验试剂，重复完全相同的实验过程，连续得到的实验结果之间的接近程度。

再现性：在不同条件下(不同的实验操作人员，不同的实验设备，在不同的实验室中，不同的时间内)用同样的分析方法，采用完全相同的试剂，各自获得的单独结果之间的接近程度。

区分性是衡量一个试验方法对不同类型试样鉴别差异的能力。通常不同类型的试样，在数据结果上会有不同的参数值，如何鉴别这些参数值，如何判断这些参数值是否有显著性的差异，这时候往往需要分析判断数据的区分性。区分性通常用假设检验方法来实现，这里简要介绍 F 检验和 P 值检验。

F 检验法是英国统计学家 Fisher 提出的，通过检验两组数据方差是否相等来判断数据之间是否有显著性差异的一种假设检验方法。设两个随机变量 X、Y 的样本分别为 x_1，x_2，…，x_n 与 y_1，y_2，…，y_n，其样本方差分别为 s_1^2 与 s_2^2。提出假设选项和拒绝区域，通过比较数据的 F 值和预先给定的置信度为 $1-\alpha$ 的 $F_{1-\alpha}$(F 临界值)的大小，判断两组数组的方差是否相等，是否有显著性差异。

P 值检验：在一个假设检验中，利用观测值能够做出的拒绝原假设的最小显著性水平称为该检验的 P 值。按 P 值的定义，对于任意指定的显著性水平 α，有以下结论：

若 $\alpha<P$ 值，则在显著性水平 α 下接受 H_0；

若 $\alpha \geqslant P$ 值，则在显著性水平 α 下拒绝 H_0。

这种利用 P 值来检验假设的方法称为 P 值检验法。P 值反映了样本信息中所包含的反对原假设 H_0 的依据的强度，P 值是已经观测到的一个小概率事件的概率，P 值越小，H_0 越有可能不成立，说明样本信息中反对 H_0 的依据的强度越强、越充分。在许多研究领域，0.05 的 P 值通常被认为是可接受错误的边界水平。一般以 $P<0.05$ 为显著，$P<0.01$ 为非常显著。

相关性分析是指对两个或多个具备相关性的变量元素进行分析，从而衡量两个变量因素的相关密切程度。相关性的元素之间需要存在一定的联系或者概率才可以进行相关性分析。数据的相关性通常可以用 ORIGIN、MATLAB、SPSS 等软件进行分析，常用的相关性分析方法有回归分析、主成分分析、相关系数法等。相关性也可从另一角度来理解，即实验结果是否反应了测试对象的本质特征，如最大无卡咬负荷的大小是否与某一油品的实际使用情况相对应。

评价一个试验方法优劣的标准首先是考察其精密度，精密度太差的方法即意味着其随机误差或系统误差太大，区分性不好的方法也是没有应用价值的，而与实际使用的相关性则是对方法更高的要求。

1. 润滑剂承载能力测定法(GB/T 3142 方法)

① 重复性。P_B：两次结果间的差数不大于平均值的 15%；P_D：两次结果间的差数不大于一个负荷等级；*ZMZ*：两次结果间的差数不大于平均值的 10%。

② 再现性。P_B：两个实验室间的差数不大于平均值的 30%；P_D：两室间的差数不大于一个负荷等级；*ZMZ*：两室间的差数不大于平均值的 25%。

2. 润滑剂极压性能测定法(GB/T 12583 方法)

① 重复性。同一操作者用同一台设备同条件下，连续两次试验结果间的差数不大于下列数值：

P_B：平均值的 15%；P_D：一级负荷增量；*LWI*：平均值的 17%。

② 再现性。不同操作者在不同实验室用同样的试验条件，两个试验室结果间的差数不大于下列数值：

P_B：平均值的 30%；P_D：一级负荷增量；*LWI*：平均值的 44%。

3. 润滑脂极压性能测定法(SH/T 0202 方法)

① 重复性。同一操作者用同一设备对同一试样重复两次试验的结果之差不得超过下列数值：

ZMZ：127N；P_D：一级负荷增量。

② 再现性。不同操作者在不同试验室对同一试样的测定结果之差不得超过下列数值：

ZMZ：157N；P_D：一级负荷增量。

七、GB/T 3142 和 GB/T 12583 试验结果的关系

从试验参数来看，GB/T 3142 和 GB/T 12583 方法的区别仅仅在于主轴转速不同，前者为 1450 r/min±50r/min，后者为 1760r/min±40r/min，其他参数没有变化，在每 10s 的一个试验周期内，GB/T 3142 方法主轴约运转 241r，GB/T 12583 方法主轴约运转 293r，即 GB/T 12583 法将多运转 50r，那么在不同转速条件下，润滑油的承载能力在数值上是否有变化呢？这是从事配方研究及测试评定工作的人员十分关注的。因为 1760r/min 的试验转速是目前国际上普遍采用的条件，而我国过去大量的资料数据均是在 1450r/min 条件下得到的，这些数据在新的试验条件下是否还有参考价值，能否借鉴国外文献在 1760r/min 条件下的数据等问题，只有在研究了转速对试验结果的影响后才能做出结论。笔者探讨了 GB/T 3142 与 GB/T 12583 试验结果之间的相关性。

1. 试验

试验选用31种试油在MQ-800四球机上分别按照GB/T 3142和GB/T 12583方法测定其最大无卡咬负荷P_B、烧结负荷P_D、综合磨损值ZMZ及综合磨损指数LWI。试验结果证明，同一样品GB/T 3142的试验结果(P_B、P_D、ZMZ/LWI)均高于或等于GB/T 12583的试验结果。作散点图发现两组数据间大致成线性关系，于是采用最小二乘法对两种试验方法的试验结果进行了一元线性回归，计算结果如下：

$P_{B12583}=0.928P_{B3142}-4.07$

$\alpha=0.96$、$F=331.0$、$F_{0.01}=7.6$；

$P_{D12583}=0.792P_{D3142}+2.93$(负荷级数)

$\alpha=0.95$、$F=214.1$、$F_{0.01}=7.6$；

$LWI_{12583}=0.825\times ZMZ_{3142}+0.604$

$\alpha=0.96$、$F=390.1$、$F_{0.01}=7.6$

由此可见，上述三个公式相关系数α均大于0.95，$F>>F_{0.01}$，即两种试验方法的试验结果显著相关。

2. 分析与讨论

(1) 关于P_B

P_B代表油膜强度，通常认为负荷低于P_B时为弹性流体润滑，负荷高于P_B时为边界润滑。在弹性流体润滑状态下，由于油膜完整且有一定厚度，转速对磨斑大小的影响不明显，因为10s钟的滑动距离相差并不大。而在P_B点以后，即边界润滑状态下，滑动距离越大，磨斑越大。见表2-16。

表2-16 转速对磨痕直径的影响 单位：mm

主轴转速/(r/min)	650SN (20kgf，10s)	650S N (20kgf，60s)	650SN (40kgf，60s)	150BS (60kgf，60s)
1500	0.240	0.245	0.558	2.08
1800	0.237	0.241	0.647	3.18

由表2-16可见，在低负荷(20kg)高转速条件下的磨痕直径甚至小于低速时的磨痕直径，这与弹性流体润滑理论是一致的。

1976年哈姆洛克(Hamrock)以及道森(Dowson)在完全数值计算解的基础上提出了椭圆接触最小油膜厚度的公式：

$$h_m=3.63R_X\overline{U}^{0.68}G^{0.49}\overline{W}^{-0.073}(1-e^{-0.068k})$$

式中 h_m——最小油膜厚度，m；

R_X——运动方向上的综合曲率半径，单位为 m；

$\overline{U}$——无量纲速度参数；

G——无量纲材料参数；

$\overline{W}$——无量纲载荷参数；

k——无量纲椭圆参数，对四球试验 $k=1.03$。

在四球摩擦试验条件下，钢球直径为 12.7mm，半径 $R=6.35\times10^{-3}$m，当转速为 n(r/min)时，可以计算得到其接触点的滑动速度为 $U=3.84\times10^{-4}n$(m/s)。摩擦副材料为滚珠轴承钢 CGr15，其弹性模量 $E=2.07\times10^{11}$Pa，泊松比 $\nu=0.3$，可以计算出其综合弹性模量 $E'=2.28\times10^{11}$Pa。考虑到两个接触球的半径相等，综合曲率半径 $R_X=3.175\times10^{-3}$ m，于是可以导出无量纲参数为：

$$\overline{U}=\eta_0 U/E'R_X=5.32\times10^{-13}\eta_0 n$$

$$G=\alpha E'=2.28\times10^{11}\alpha$$

$$\overline{W}=0.4082W/E'R_X^2=1.776\times10^{-7}W$$

$$k=1.03(R_Y/R_X)^{0.64}=1.03$$

把这几个参量代入最小油膜厚度的公式可以得到在四球实验条件下最小油膜厚度 h_m(单位为 μm)为：

$$h_m=4.01469\eta_0^{0.68}n^{0.68}\alpha^{0.49}W^{-0.073}$$

式中 h_m——最小油膜厚度，μm；

η_0——润滑剂的流体动力黏度，Pa · s；

n——试验机主轴转速，r/min；

α——润滑剂的黏度压力系数，m^2/N；

W——试验机上施加的载荷，N。

动力黏度的定义为面积 S 各为 $1m^2$ 并相距 1m 的两层液体，当其中的一层以 1m/s 的速度与另一层液体作相对运动时所产生的内摩擦力为 1N，则该液体的动力黏度 η 为 1Pa · s，根据牛顿液体流动定律可得

$$\eta=\frac{F}{S\cdot\frac{\Delta V}{\Delta X}}=\frac{1N}{1m^2\times\frac{1m/s}{1m}}=1N\cdot s/m^2=1Pa\cdot s=1000mPa\cdot s$$

润滑剂的流体动力黏度通过旋转黏度计测定，也可通过运动黏度乘以密度计算得到，例如某油品 75℃ 时的运动黏度为 25.0mm^2/s，75℃ 时的密度为 900kg/m^3。

根据 GB/T 265 石油产品运动黏度测定法和动力黏度计算法，该油在 75℃时

的动力黏度为

$$\eta_t = \nu_t \cdot \rho_t = 25.0 \times 900 \div 1000 = 22.5\text{mPa} \cdot \text{s}$$

式中　η_t——试油在 t 温度下的动力黏度，mP a · s；

ν_t——试油在 t 温度下的运动黏度，mm^2/s；

ρ_t——试油在 t 温度下的密度，g/cm^3。

有关黏度的换算关系为

$1mm^2/s = 1cSt$

$1m^2/s = 10^6 cSt$

$1Pa \cdot s = 1N \cdot s/m^2$

$1kgf \cdot s/m^2 = 9.80665Pa \cdot s$

由最小油膜厚度公式可见，速度 U 越高，则油膜厚度越大。但是转速越高，接触点上的温升也越高，油品的黏度就越小，油膜厚度就相应降低。在负荷较小时，转速起的作用大些，在负荷较大时，温升的影响突出些，该结论是基于四球机实验服从弹性流体动压润滑理论得到的，但有些学者认为四球机试验不可能服从弹性流体动压润滑理论，中国石化石油化工科学研究院的洪善真、中国矿业大学的孙凯燕等计算了不同转速、不同负荷下的油膜厚度，并依据油膜厚度与综合粗糙度之比(称为油膜参数)小于 1 得出了同样结论。

综合粗糙度可以依据轮廓的平均算术偏差 Ra(曾称为算术平均粗糙度或中线平均粗糙度 CLA)计算，此时综合粗糙度等于两表面轮廓的平均算术偏差 Ra_1 与 Ra_2 之和，也可以采用均方根粗糙度 σ，均方根粗糙度等于轮廓的平均算术偏差 Ra 乘以 1.3，此时综合粗糙度 $\sigma = \sqrt{\sigma_1^2 + \sigma_2^2}$。例如 Falex 钢球的表面粗糙度 Ra 的典型数值约为 0.06μm，则两钢球间综合轮廓的平均算术偏差 $Ra = 0.06 + 0.06 = 0.12\mu m$，而综合均方根粗糙度为

$$\sigma = \sqrt{(0.06 \times 1.3)^2 + (0.06 \times 1.3)^2} = 0.11\mu m$$

王国金等结合负荷磨损曲线进行了讨论，认为 AB 点之间不可能是弹流润滑，只可能是薄膜润滑或边界润滑，否则不可能有磨痕；AB 段的前面部分可能是有序膜起主要作用，后半部分边界吸附膜起主要作用。BC 之间是吸附膜逐渐消失、化学反应膜逐渐形成的时期；CD 之间是化学反应膜起作用的阶段；所以 P_B 代表有序膜的终止点，只有这样，才能解释 P_B 与油性剂、极压添加剂的加入有关，这些添加剂的极性，可能增加了有序膜的厚度。P_D 值的大小，代表了化学反应膜的形成难易和抗磨性能，P_D 值高，表示化学膜失效的温度高。但反应膜润滑是以腐蚀磨损为代价的，若腐蚀性太强，将影响其抗磨性。

显然弹性流体动压润滑理论解释四球机的实验结果是有缺陷的，标准方法中

对最大无卡咬负荷的定义也是不严密的。

边界膜刚破裂时的负荷 P 与对应速度 U 的乘积称为临界 PU 值，临界 PU 值表示吸附膜的强度，这与最大无卡咬负荷 P_B 的意义是一致的，即在 1450 r/min 和 1760 r/min 条件下的临界负荷就是 P_B。对一系列润滑油进行实验的结果表明，临界 PU 值的相互关系为一非对称的双曲线，可表示为 $PU^b=a$(a，b 为常数，其值因润滑剂而异)，PU 值曲线见图 2-4。在曲线的左下方为正常磨损区，右上方为损坏区。

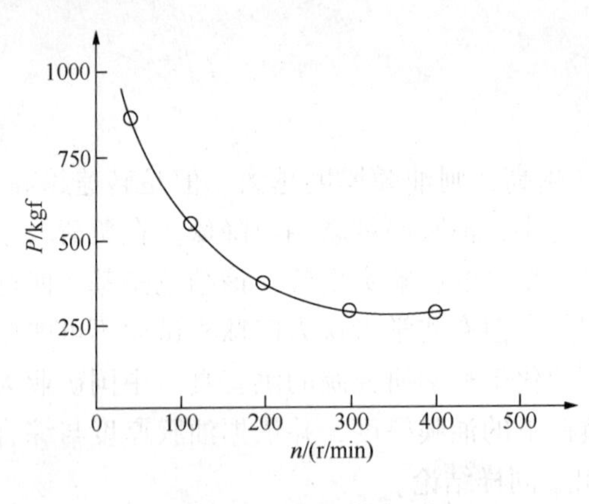

图 2-4　PU 值曲线图

由图 2-4 可见，转速越高对应的临界负荷越低，这就很好地解释了 GB/T 12583 的 P_B 为什么会低于 GB/T 3142 的 P_B。转速越高，在相同时间内滑动距离越大，在每 10s 的一个试验周期内 GB/T 3142 约运转 240r，而 GB/T 12583 约运转 290r，即 GB/T 12583 法将多运转 51r，滑动距离多出 $3.84\times10^{-4}\times(1760-1450)\times10\div60=0.01984$m，但这仅仅是其中的一个方面，表 2-17 的试验结果就充分说明了这一点。试验选择了三个转速水平 1800r/min、1500r/min、1200r/min，通过控制时间使其运转相同的圈数(300r)，即滑动距离完全相同，但试验结果却大相径庭。可见转速越高，试验的苛刻程度越大。

表 2-17　相同转数时转速对磨痕直径的影响　　mm

负荷/kgf	1800r/min 运转 10s	1500r/min 运转 12s	1200r/min 运转 15s	负荷/kgf	1800r/min 运转 10s	1500r/min 运转 12s	1200r/min 运转 15s
36	0.299	0.298	0.296	50	—	0.662	0.352
38	0.307	0.298	0.298	60	2.307	1.990	0.386
40	0.424	0.303	0.304	106	3.260	2.700	2.544
42	0.597	0.318	0.313	114	烧结	烧结	2.60
47	—	0.339	0.334	126	烧结	烧结	烧结

(2) 关于 P_D

不难理解高转速条件下的 P_D 低于低转速时的 P_D，因为在高负荷时油膜已经破裂，转速越高，滑动距离越长，温升越高，磨损越大。但是，由于烧结负荷是逐级测定的，级差较大，最大级差达 180kgf，这么大的级差范围就有可能大于因转速不同所能产生影响的负荷范围，表现为二种方法的测定结果相同。在笔者实际测定的 31 组数据中，两种方法结果相同的有 14 组，占 45.2%；相差一级的有 12 组，占 38.7%；相差两级的有 5 组，占 10.1%。根据笔者的经验，按 GB/T 3142 方法进行试验时，如果在开始阶段就烧结，则 GB/T 12583 的烧结负荷可能更低，如果在临近结束时烧结，则两种方法的试验结果可能就相同。

（3）关于 *ZMZ* 或 *LWI*

GB/T 3142 与 GB/T 12583 之间 *ZMZ* 或 *LWI* 的差异由两方面原因引起，一是由于转速不同，二是由于计算方法不同。关于转速，一方面转速升高可直接降低 P_B 和 P_D，另一方面在 P_B 点后转速越高，形成的磨痕直径越大(详见表 2-17)，因而校正负荷越小。至于计算方法，GB/T 3142 试验的计算公式为 $ZMZ=(A_1+A_2+B/2)/10$，而 GB/T 12583 的计算公式为 $LWI=(A_1+A_2)/10$，在 $P_D \leqslant 500$kgf 时，两公式所采用的负荷级别实际上是相同的，但由于同级负荷下的磨痕直径不同，导致校正负荷不同，因而高转速条件下的 *LWI* 较低。当 $P_D>500$kgf 时，GB/T 3142 方法将 400kgf 至烧结前各级负荷的校正负荷的平均值的二分之一(即 $B/2$)作为一级来对待，而 GB/T 12583 并没有这样的加权处理，只是规定烧结前十级校正负荷的平均值即为 *LWI*，因而公式 $ZMZ=(A_1+A_2+B/2)/10$ 中的 A_1 比 $LWI=(A_1+A_2)/10$ 中的 A_1 要大得多，GB/T 12583 方法中的 A_2 有可能大于 GB/T 3142 方法中的($A_2+B/2$)，但总的结果是 GB/T 12583 的 *LWI* 小于 GB/T 3142 的 *ZMZ*。P_B 和 P_D 值均相同时，GB/T 3142 法的 *ZMZ* 值也应该高于 GB/T 12583 法的 *LWI* 值，因为 2 种方法的 $P \times Dh$ 系数相同，但相同负荷级的磨痕直径 *D* 值不同，致使它们各自的校正负荷不同。

（4）结论

① GB/T 3142 方法测得的 P_B、P_D、*ZMZ* 一般高于 GB/T 12583 方法测定的结果。

② 转速对 P_B、P_D、*ZMZ/LWI* 测定结果的影响，一方面是由于滑动距离不同，另一方面是由于试验的苛刻程度不同，即使在滑动距离相同的情况下，高转速条件下的磨痕直径要大些，即转速越高，试验的苛刻程度越大。其次是 *ZMZ/LWI* 所采用的计算方法不同。

③ GB/T 3142 与 GB/T 12583 两种方法测得的 P_B、P_D、*ZMZ/LWI* 之间具有显著的相关性，其相关系数均大于 0.95。

第四节 润滑剂抗磨损性能测定法

四球机评定润滑剂抗磨性能的标准试验方法包括润滑油抗磨性评定法 SH/T 0189 和润滑脂抗磨性评定法 SH/T 0204。这两个方法均以下面三个钢球磨痕直径的平均值作为测定指标。

一、润滑油抗磨性评定

1. *方法概述*

SH/T 0189 测定润滑油抗磨损性能的方法与 GB/T 3142 或 GB/T 12583 基本相同，只是采用可加热的油盒，将油温控制在 75℃±2℃，根据不同油品选用不同的负荷 147N 或者 392N，顶球在 1200r/min 下连续旋转 60min，以下面三个钢球的平均磨痕直径的大小表示润滑油的抗磨损性好坏。

2. *磨痕直径的测量*

测量磨痕直径时，精确到 0.01mm。对每个钢球上的磨斑测量两次，两次测量的位置要相互垂直。如果磨斑是一个椭圆，则在磨痕方向作一次测量，另一次测量与磨痕方向垂直。如果一个下球的两次测量平均值与所有的六次测量平均值偏差大于 0.04mm，则应该检查上球与油盒的轴心对中情况。

SH/T 0189 方法规定的转速为 1200r/min，但国产部分四球机只能进行 1450r/min 的运转，不能调速，那么该类机能否用于润滑油抗磨性的评定呢？Gates 用 Falex 四球机和改进的 Shell 四球机在极相似的条件下考察了 100～3000r/min 范围内转速对磨损的影响，他的结论是：1000～2000r/min 速度区间内，磨损率不随转速变化而变化。此处磨损率的定义是单位滑动距离造成的磨损，磨损量增加是因为一定时间内转数增加。换言之，转速对磨损的影响是通过总转数起的作用。因此，在转速变化不大时，磨损率变化也不大。他的解释是：在转速高于 800 r/min 时，能得到流体润滑为主的工况，所以在这一速度区间，转速对磨损没有太大的影响。由此可以认为，在其他条件相同时，1450r/min 和 1200r/min 的试验数据之间相差不大，这不是偶然现象或者试验机不敏感，而是正常现象，其间的数据有可比性，需要注意的是只有当转数相同时此结论才可信，即当四球机转速为 1450r/min 时，试验时间不应为 60min，而应是 49.6min，即 1200×60÷1450=49.6min。

温度对磨损有较大的影响，严格控制磨损试验温度是非常重要的，应在相同温度下进行数据才有可比性。

注意，为了保证试验的精确度，做磨损试验的四球机不能再用于做极压试验。用于磨损试验的钢球，每粒只能进行一次试验，但用于极压试验的钢球可以用多次(一般为3~5次)，只是必须确保磨损不重叠，此时测量磨痕直径时，可将油盒旋转一周，如果3个钢球上的磨斑均出现在显微镜中的某一特定位置，则所测量的磨斑为当前负荷形成，否则不是。

二、润滑脂抗磨性评定

SH/T 0204方法规定的在磨损四球机上评定润滑脂抗磨性能的方法除加注试样的方法外，其他所有操作及注意事项均与SH/T 0189方法完全相同。试样加注方法与SH/T 0202方法一致。

三、试验精确度

1. 润滑油抗磨性能测定法(SH/T 0189方法)

重复性：两次结果之差不大于0.12mm。

再现性：两个试验室结果之差不大于0.28mm。

2. 润滑脂抗磨性能测定法(SH/T 0204方法)

重复性：同一操作者用同一设备对同一试样重复两次试验结果之差不得超过0.20mm。

再现性：不同操作者在不同试验室对同一试样所得的两个试验结果之差不应超过0.37mm。

第五节　铁路柴油机油高温摩擦磨损性能测定法(青铜-钢法)

一、铁路柴油机油发展与性能要求

青铜-钢试验方法是美国通用电气公司的方法，在雪弗龙化学公司、留布里佐尔公司也广泛应用，在我国的标准试验方法代号为SH/T 0577。该方法是美国评价第一代到第五代全配方铁路柴油机油摩擦磨损性能的主要手段，其意义在于模拟发动机轴承摩擦副的材质和实际温度，在边界润滑条件下评价铁路柴油机油的摩擦磨损特性。机车柴油机油是按“代”来划分的，四代及四代以前主要是根据机油的总碱值来确定的，根据添加剂的不同，机油的总碱值分别达到5、7、10、13时，分别形成一、二、三、四代机油。机车用油配方开发首要考量因素是所用燃料的硫含量，燃烧过程产生的酸性物质必须得到有效控制，主要途径是碱值BN的设计，碱保持性作为用油分析的重要指标，可以确定机车维护保养间隔以及用油报废指标。历史上机车燃料硫含量曾高达5000μg/g，碱值 *BN* 也一度高达17。2006年，公路卡车使用硫含量小于15μg/g的柴油作为燃料，由于炼油厂希望生产的柴油规格统一，因此美国铁路机车也使用小于15μg/g的柴油作为燃料，碱值 *BN* 也降至9~10。

LMOA(机车维修者协会)是美国铁路公司机车运用与维修部门的协会，下设燃油与润滑油委员会，委员的人选由机车维修运用、机车制造厂商、石油公司燃料、润滑油与添加剂等方面人员组成，因而能根据机车运用的苛刻程度、维修中的问题以及机车制造中柴油机强化程度的提高与材质结构的改进等方面提出新要求，有针对性地对润滑油的抗氧、抗磨、高温清净与分散性能提出合理的改进意见，提出新一代润滑油的使用性能与配方特点、提出机车柴油机油现场试验程序等。美国铁路机车用油规格发展过程见表2-18。

表2-18　美国铁路机车用油规格发展过程

LMOA分类	推出年代	总碱值/(mg/g)	使用范围及作用
一代油	1940年	5	提高抗铅腐蚀和碱值保持性，防止轴承腐蚀
二代油	1964年	7	改善二冲程柴油机油碱值保持性，降低活塞环磨损
三代油	1968年	10	进一步改善碱值保持性，减少不溶物
四代油	1976年	13	可用于苛刻条件的发动机上
四代长寿命油(专为GE公司设计)	1984年	未定新油碱值，但一般为13	适用于3个活塞环的GE发动机，大于300MW·h/月的换油期为90天，大于225MW·h/月的换油期为180天
五代油	1989年	多级油，新油碱值未定，一般为17	节能油，改善黏温性能、抗氧化性能、减少不溶物、延长换油期到180天(或16000km且硫含量为0.3%~0.5%的柴油每月消耗量不超过76000L)
六代油	2009年	9、10	满足阶段3排放、提高分散性、降低硫酸灰分
七代油	预计2015年	碱值未定，可能要求低硫、低磷、低灰分	满足阶段4排放

第一代油的碱值为5，1940年开发研制，系在矿物油中加入少量抗氧剂与清净剂，提高油品抗氧化与清净性能。

1964年发展了第二代油，碱值为7，主要特点是在油中加入无灰分散剂，延长了换油期，过滤器寿命由30d延长至90d。为适应四冲程柴油机、控制活塞环黏结与沉积物生成，1968年LMOA改进了二代油，首次使用钙盐清净剂，相当于 API CC 级别。1975 年第二代油在美国已停止使用。

1968 年发展了第三代油，碱值为 10，为改善 GE 公司二冲程发动机机油的碱性保持性能，降低活塞环与缸套的磨损，提高高温清净性，规定必须通过开特匹勒 $1G_2$单缸机 120h 试验。1975 年又进一步提高了高温清净性，规定通过开特匹勒 $1G_2$单缸机 480 h 试验与 L-38 轴瓦腐蚀试验，属 API CD 级油。1982 年三代油在美国已停止使用。

1976 年公布了第四代油，属 API CD^+级油，碱值为 13。根据试验结果，四代油缸套磨损仅为三代油的 1/3；活塞第一环槽积炭仅为三代油的 1/2；使用寿命大大地延长。四代油在美国以外的多个国家或地区广泛使用，例如墨西哥、新西兰、澳大利亚、中国及印度等。

第四代油以前的铁路柴油机油的发展基本与通用柴油机油的发展同步，主要由台架试验评定其性能要求，基本借用了通用柴油机油 API 分类中所规定的项目。基本的研究思路是，所研究的铁路柴油机油必须通过相应的 API 分类中所要求的台架评定后才能进入铁路特有的试验程序。因此在这个阶段的通用柴油机油技术对铁路柴油机油研究的影响是决定性的。但从第四代油开始，美国铁路机车柴油机的发展与通用柴油机差别增大，铁路柴油机油因此也发展成了一个独立的研究领域，到第五代铁路柴油机油出台时已基本摆脱了 API 通用柴油机油标准的试验程序。

1989 年 9 月，美国公布了铁路机车第五代油。五代油没有具体规定碱值，但一般为 17。五代油最主要的特点是换油期延长至 180 天。这是因为 20 世纪 80 年代初美国 GE 公司的 7FDL 2646kW 等型机车柴油机强化系数提高至 90 以上，活塞环由四环改为三环，油底壳机油温度由 90℃提高至 100~110℃，用四代油换油期下降至 80~90d，达不到季修 90d 的标准，因而 LMOA 倡仪发展了第五代油。

2009 年公布了第六代油，其碱值降为 9 或 10，主要是针对燃料硫含量小于 500μg/g 设计的。六代油满足阶段 3 排放，提高了分散性，降低了硫酸灰分。

目前正在进行七代油的研发，碱值 *BN* 仍未确定，配方的开发需要解决延长换油期、改善燃油经济性、降低排放以及发动机工况改进等问题。碱值 *BN* 显然不是铁路柴油机油开发的唯一要求，由于大量烟炱的生成，油品必须具有良好的分散性、抗氧化性和抗泡性。此外，黏度指数改进剂的加入也要求油品具有良好的剪切稳定性。

铁路机车用油对抗磨性要求比较特殊。早期的 EMD 公司生产的机车使用镀银的活塞销轴承，含锌添加剂不能与之兼容，会造成锈蚀引起轴承过早失效，目前许多此类机车仍在服役，无锌配方机车用油的使用是为了在满足现代机车用油要求的基础上还能够兼容早期型号的机车。GE 公司不使用镀银的轴承，但其也乐于使用无锌配方，支持机车用油的规格统一。此外为满足 EPA Tier 4 排放要求，无锌配方的使用也有利于防止催化剂中毒。

机车用油的基础油大多使用 API I 类油或Ⅱ类油。这不仅仅是成本因素，合适的边界层黏度对大功率、中速度的机车发动机的润滑也至关重要，机车用油要求 100℃运动黏度调整在 12mm²/s 以上，100℃高温高剪切黏度(ASTM D6278)也要大于 10.9mPa·s。目前美国 90%机车使用 SAE 20W/40 柴油机油。

二、方法概述

SH/T 0577 方法包括 A 法和 B 法。

1. A 法

一个钢球紧压着三个固定在油杯内的青铜圆盘，在 196N±2N 负荷和 600r/min±20r/min 转速下旋转，钢球与青铜圆盘接触的几何形状与四球机接触形式一样，在各级试验中接触点始终浸泡在润滑油中。试验从 93℃±3℃开始，每增加 28℃试验 5min，共 7 级试验，最后一级试验温度为 260℃±3℃。每级试验测量并记录摩擦系数，7 级试验终了时测量青铜圆盘的磨痕直径并计算平均值。以平均磨痕直径、最大摩擦系数与平均磨痕直径的乘积、出现最大摩擦系数时的温度评价试验油的高温摩擦磨损性能。

2. B 法

第一级试验温度为 93℃±3℃，每增加 28℃试验 5min，共 4 级试验，最后一级试验温度为 177℃±3℃。试验结果除不含出现最大摩擦系数时的温度外，其他均与 A 法相同。

三、设备与材料

具备摩擦力测绘系统和能将试油加热至 260℃的四球机；试验钢球为四球机专用标准钢球；青铜圆盘材质为高铅锡青铜，含铜 78%~81%、锡 9.3%~10.7%、铅 8.3%~10.7%、直径 6.35mm、厚度 1.59mm、布氏硬度在 *HB*90~100 之间、表面粗糙度 *Ra* 为 0.63~2.50μm、*Rz* 为 3.2~10μm。

为了固定青铜圆盘，必须使用专用油杯，即进行四球机试验的油盒不能用于本试验。

四、试验准备

① 依次用洗涤汽油和石油醚清洗三个青铜圆盘、试验钢球、试验油杯及有关夹具，并用热风吹干。

② 安装青铜圆盘于油杯孔中。允许沿圆周方向用 02 号(M20)金相砂纸打磨

青铜圆盘，以使其与油杯孔密切配合。

③ 用清洁绸布拿取钢球装入上卡头内，然后将卡头装到四球机主轴上。

④ 将油杯装入加热室，倒入试油，试油量以试油覆盖到钢球与青铜圆盘接触点以上为准。

⑤ 调整主轴传动系统，使转速能达到 600r/min ± 20 r/min，接通电源预热 15min。

⑥ 按试验机说明书校正摩擦力表、调整记录仪。

五、试验步骤

① 固定油杯，给试验件施加 588N 预压负荷，用手驱动主轴旋转一周。然后将负荷降到 196N±2N 的试验负荷。

② 调整定时器为 5min，连接摩擦力测试系统。

③ 将试油温度调整为 93℃ ±3℃，先启动摩擦力记录仪，再启动主轴电机，从电机启动时开始计时，在每一级试验温度下运转 5min，记录运转周期内的最大摩擦力。

④ 依次关闭记录仪、加热器和定时器。

⑤ 重复步骤②～④，进行下一级试验，此时试油温度的调整顺序为：

A 法：121℃ 、149℃ 、177℃ 、204℃ 、232℃ 、260℃ 。

B 法：121℃ 、149℃ 、177℃ 。

⑥ 完成最后一级试验后，卸去负荷，脱开温度和摩擦力测试系统，取下油杯，冷却后倒掉试油。

⑦ 从主轴上取下卡头，卸下钢球。

⑧ 用洗涤汽油清洗油杯和青铜圆盘，用竹夹或木制夹清除磨斑周围铜屑，在显微镜下沿磨斑条纹方向和垂直方向测量 3 个青铜圆盘的磨痕直径，记录 6 次测量结果。

六、试验结果

① 三个青铜圆盘的磨痕直径的六次测量值的平均值，精确到 0. 01mm，称为平均磨痕直径。

② 根据最大摩擦力计算出最大摩擦系数，其计算公式见试验机说明书。

③ 用最大摩擦系数乘以平均磨痕直径得到摩擦评价级，精确到 0. 01mm。

④ 把最大摩擦系数所对应的该级试验温度，规定为出现最大摩擦系数时的温度。

报告试验结果时，A 法报告平均磨痕直径、出现最大摩擦系数时的温度、摩擦评价级；B 法报告平均磨痕直径、摩擦评价级。

我国的内燃机车柴油机油 GB/T 17038—1997(2004)标准规定了我国三代和四代内燃机车柴油机油的技术条件，系参照美国机车维修者协会(LMOA)的内燃机车柴油机油的典型数据、美国通用电器公司(GE)内燃机车柴油机油的有关技术要求和我国柴油机油国家标准，并根据我国实际情况制定的。标准中三代油只有 40 一个黏度等级，而四代油分为含锌和非锌两类，均含 40 和 20W/40 两个黏度等级。其中润滑性评定指标为：

(1) 高温摩擦磨损试验(SH/T 0577 青铜-钢法中 B 法)，摩擦评价级不大于 0. 30mm；

(2) 齿轮承载能力试验(SH/T 0306)，失效载荷级不小于 9 级(三代油和四代含锌油)或 7 级(四代非锌油)。

七、试验精确度

铁路柴油机油高温摩擦磨损性能测定法(SH/T 0577 青铜-钢法)的精密度见表 2-19。

表 2-19　SH/T 0577 试验的精密度

试验结果	重复性		再现性	
	A 法	B 法	A 法	B 法
平均磨斑直径/mm	0. 22	0. 15	0. 35	0. 27
摩擦评价级/mm	0. 05	0. 05	0. 09	0. 09
出现最大摩擦系数时的温度/℃	28	—	84	—

第六节　润滑油摩擦系数测定法(四球法)

摩擦系数或摩擦因数的概念是在 14 世纪由达芬奇提出来的，是指摩擦副上的切向阻力与法向载荷的比值，润滑剂的减摩效果可以通过润滑剂的摩擦系数来评价。研究表明，摩擦系数是摩擦系统(配对副及其介质)的特性，抛开系统单纯地讨论润滑剂的摩擦系数是不正确的。作为概念上的润滑剂摩擦系数，通常是指在通用测试方法(特定测试系统)下的摩擦系数。理论上，摩擦副的能源消耗正比于摩擦系数，润滑剂的摩擦系数越低，摩擦副的节能效果越好。

目前比较公认的、有较大应用价值的润滑剂摩擦系数的评价方法主要有油振子法、法莱克斯销与 V 形块法、MM-200 法以及四球试验法等，其中四球试验法由于比较容易实现配对副的标准性和一致性，并且对齿轮、轴承及许多工业摩擦副有较高的模拟相似度，因此有较强的通用性，许多润滑剂研究专家也都常用四球试验法来筛选或评价润滑剂。美国材料试验协会制定了《The Test Method for Determination of the Coefficient of Friction of Lubricants using the Four Ball Wear Test Machine》(ASTM D5183—1995)，该方法以四球机为试验设备，在特定的转速和温度条件下，采用连续加载方式施加负荷，在边界润滑条件下测定油品在不同负荷下的摩擦系数、磨痕直径和油膜破裂时的失效负荷。试验中既有油性试验和磨损试验的成分，也有极压试验的成分，在负荷由低到高变化过程中油品或添加剂摩擦磨损机理和相互作用机理以及减摩、抗磨、极压作用效果与固定负荷下的情形是不相同的，当需要同时考察油品添加剂的减摩、抗磨和极压性能时，该方法可以灵敏地反映出添加剂配方的变化对减摩、抗磨和极压性能所产生的作用效果，是一种快速、简捷、有效的试验室模拟试验方法。我国于 2005 年等效采用 ASTM D5183 方法制定了《润滑油摩擦系数测定法(四球法)》(SH/T 0762—2005)，该试验适用于各类润滑油的摩擦系数测定，以平均磨合磨痕直径、每增加 98N 力测得的摩擦系数、失效负荷和最终磨痕直径等四项指标作为试验结果。

试验分两个程序完成，程序Ⅰ是白油磨合试验，程序Ⅱ是逐级加载条件下的试验油摩擦系数试验，试验操作与四球机抗磨试验大致相同。

一、试验机准备

试验机采用四球磨损试验机或多功能四球摩擦磨损试验机，极压式四球机不适用于本试验。

① 设定试验机转速为 600r/min±30r/min。

② 在温度控制器上设定试油温度为 75℃±2℃(167℉±4℉)。

③ 如果选用自动时钟控制器来终止试验，则需检验其精度，60min 误差不超过 1min，10min 误差不超过 10s。

④ 加载系统的精度对摩擦系数的测试精度有直接影响，要求加载系统的灵敏度高于 2.0 N，对于 98N 的载荷，这意味着加载系统误差不大于 2%。

二、试验条件

程序Ⅰ用 10mL 白油(符合 SH/T 0006 工业白油)为磨合油，其 40℃运动黏度为 24.3~26.1mm^2/s，试验前用活性氧化铝过滤以除去残余的杂质。磨合结束时，下面三个钢球的平均磨痕直径应为 0.65mm±0.05mm，否则更换新钢球重新磨合。对于不同试验机，磨合磨痕直径可能超出这一范围，但重复结果的偏差应为±0.05mm，所以使用者应首先确定所用试验机的平均磨合磨痕直径。程序Ⅱ是使用经过磨合的钢球进行试验，试油量 10mL，首先在 98.1N 负荷下运转 10min，然后在不停机的情况下依次递增98.1N负荷并在相应负荷下运转10min，最大负荷981N，如果981N负荷前摩擦力记录仪开始出现跳动，则不再继续增大负荷，结束试验。磨合和试验阶段的试验参数见表2-20。

表2-20　四球机法摩擦系数试验条件

参　数	磨合阶段	试验阶段
温度/℃	75±2	75±2
转速/(r/min)	600	600
时间/min	60	10/每负荷级
负荷/N	392	起始98.1并依次递增

三、试验步骤

① 将钢球、夹头和油盒在正庚烷中浸泡1min后用超声波清洗器清洗10s，再换用新的正庚烷冲洗。

② 换用丙酮重复步骤①，然后用氮气吹干。

③ 按四球抗磨试验方法安装上钢球和油盒，油盒中先加入10mL磨合油，即白油。

④ 调整试验负荷至392N，加热试油至75℃±2℃，启动电机驱动主轴以600r/min运转60min。

⑤ 按四球抗磨试验方法测量油盒内三个钢球的磨痕直径，测量结果和处理方法参见试验条件部分有关内容。

⑥ 向油盒内加入正庚烷浸泡并不断摇晃1min，倒掉正庚烷。再用吸耳球吸取正庚烷冲洗油盒。重复该步骤两次。最后用吸耳球吸取丙酮冲洗油盒两次，氮气吹干。

⑦ 分别用沾有正庚烷和丙酮的干净丝绸擦拭上钢球和夹头表面，氮气吹干。

⑧ 用沾有丁酮的干净丝绸擦拭三个钢球的磨斑和上钢球磨痕。

⑨ 向油盒中加入10mL试验油，安装油盒。

⑩ 缓慢施加98.1N试验负荷，加热试油至75℃±2℃，启动电机驱动主轴以600r/min运转10min，记录10min时的扭矩值。试验共分十级，从98.1N开始，每10min递增负荷98.1N，最大负荷为981N。在全过程试验中不允许停机，当摩擦力矩出现突然增大时，停止试验。

⑪ 测量油盒中三个钢球的磨痕直径，精确至0.01mm，并观察磨斑形貌。

⑫ 计算摩擦系数：

$$\mu = 0.00223\frac{fL}{P} \qquad (2-5)$$

式中 μ——摩擦系数；

f——摩擦力，g；

L——摩擦力臂长度，cm；

P——试验负荷，kg。

四、试验结果

试验结束后，报告以下结果：

① 平均磨合磨痕直径，mm。

② 每增加 98.1N 负荷并运转 10min 时的摩擦系数。

③ 失效负荷，N。

④ 最终平均磨痕直径，mm。

五、试验精确度

重复性：同一操作者用同一设备对同一试样重复两次试验结果之差不得超过 0.20×平均值。

再现性：不同操作者在不同试验室对同一试样所得的两个试验结果之差不应超过 0.49×平均值。

第七节　影响四球机试验结果的主要因素探讨

影响四球机试验结果准确性的因素很多，主要因素包括四球机设计和加工的精度、钢球的质量和精度，以及操作规范等。

一、四球机设计和加工

四球机设计和加工精度是影响试验结果的关键因素。根据使用单位的要求，应合理设计四球试验机加载方式。如润滑油脂抗磨损性能试验采用杠杆加载或加载弹簧与伺服电机结合的方式、润滑油脂抗极压性能试验采用液压加载方式。

四球试验机运行参数，如试验负荷、试验转速、试验温度和试验时间等应选择控制精度高的负荷传感器、转速表、变频器、温度显示表和计时器等进行控制，以减少试验过程中的系统误差。

试样温度 T、轴向负荷 N、滑动速度 v（试验机转速）和试验时间 t 的精度对试验结果准确程度的影响是不言而喻的，但一些潜在的因素却容易被忽视，例如启动时间，即按键与四球试验机真正达到试验转速时的时间差对试验结果就影响很大，颉敏杰等指出启动时间对烧结负荷 P_D 值的影响可相差 3 级。厦门天机自动化有限公司的陈东毅经过试验发现，启动时间对油基试样(含润滑脂)几乎无影响，对乳化液影响明显。当启动时间为 t 时，某乳化液 $P_B=745N$，$P_D=980N$；当启动时间为 $2t$ 时，该乳化液 $P_B=804N$，$P_D=1234N$；当启动时间为 $3t$ 时，其 $P_B=862N$，$P_D=1568N$。而不同质量水平的电机启动时间是不一样的。

又比如主轴的精度不仅会影响油杯中 3 粒钢球的磨痕直径大小，而且会影响 3 粒钢球的磨痕直径大小的相近程度。主轴精度越差，其串动越大，所产生的磨斑就较大。此外，试验负荷在传递过程中的损失、摆动、振动等都会影响试验结果。试验结束后，要求任一个下钢球 2 次磨痕直径测量结果的平均值与 3 粒下钢球 6 次磨痕直径测量结果平均值的差值不大于 0.04mm，否则应检查上钢球与油杯的轴心对中情况，而对中情况与四球试验机的加工精度以及油杯的整体质量(应保证下面 3 个钢球磨痕大小基本相同)有关。在四球试验机加工过程中，为了保证主轴的精度(径向跳动和轴向窜动)，应选取 5 级精度或以上的主轴轴承，同时要求主轴支座与油杯底座垂直性好，以避免出现油杯中 3 粒钢球磨痕直径相差较大的问题。

王宗斌等通过对杠杆四球摩擦试验机杠杆系统误差的分析，指出杠杆式加载系统的加工及安装误差对试验载荷的影响非常大，影响试验力精度的各种因素有：轴承座结构尺寸、上刀承与下刀刃位置、下刀刃与杠杆悬挂砝码位置、下刀承与轴承座之间的距离以及杠杆系统各部件接触面粗糙度等，粗糙度对试验力有影响的杠杆系统各部件接触面有轴承座与导向孔、球头刀刃与轴承座、球头刀刃与上刀承、下刀刃与下刀承。粗糙度超差容易引起试验力重复性、再现性降低，严重影响试验机精度，因此，上述各接触面研磨到粗糙度不大于 0.4。

此外，四球试验机主轴的回转精度以及设备的刚度也是影响四球机试验结果的重要因素。

四球试验机看似简单，其实其技术含量非常高，涉及设计、材料、加工精度、元器件性能、安装调试、控制与数据处理软件等众多方面。目前，国内四球机市场十分混乱，通过完善四球机技术标准来规范市场已迫在眉睫。

二、钢球的质量和精度

钢球本身的材质、金相结构、几何精度、硬度、表面粗糙度等对四球机试验结果有重大的影响，必须采用专用试验钢球。

我国的SH/T 0189、GB/T 3142四球试验方法中要求钢球符合GB/T 308（Ⅱ级轴承钢球，直径12.7 mm，材料为优质合金轴承钢GCr15），SH/T 0202、SH/T 0204、GB/T 12583中要求钢球为四球机专用钢球，直径12.7 mm，材料为优质合金轴承钢GCr15，洛氏硬度HRC64~66。但是GB/308—2002和GB/T 308—1984标准中均没有“Ⅱ级轴承钢球”，SH/T 0202等方法中的所谓四球机专用钢球也没有相应的标准，由此导致不同厂家或同一厂家不同批次的钢球质量有所差异，这是目前四球机应用过程中的一个非常重要而急需解决的问题。有鉴于此，中国石化石油化工科学研究院的李明生从钢球的化学组成、金相结构、硬度、表面粗糙度和四球实测结果等多方面比较了国产钢球与进口钢球的差异，提出以Falex钢球为标准试验钢球的建议。美国试验材料协会（ASTM）对四球试验所用的钢球有专门的规定，即ANSI B3.12规格的金属球，材料为E52100铬钢，钢球直径为12.7 mm，25EP（Extra Polish，超级抛光），洛氏硬度为64~66。

1. Falex钢球的统计学考察

中国石油化工股份有限公司润滑油北京研发中心的胡刚等从钢球的洛氏硬度、表面粗糙度、钢球的磨痕直径等方面对Falex钢球和国产钢球进行了对比考察。

钢球的洛氏硬度会随着温度的变化而发生变化，根据E52100，Falex钢球在21.1℃时的洛氏硬度为66.0。胡刚等在常温下检测了20个Falex钢球样本的洛氏硬度，具体的检测结果见表2-21。

表2-21 Falex钢球的洛氏硬度

钢球编号	洛氏硬度	钢球编号	洛氏硬度	钢球编号	洛氏硬度	钢球编号	洛氏硬度
1	65.5	6	66.4	11	65.8	16	65.8
2	66.5	7	66.1	12	66.1	17	65.8
3	66.2	8	65.9	13	66.2	18	66.0
4	66.4	9	66.0	14	65.7	19	66.0
5	66.0	10	66.4	15	66.0	20	66.0

对表2-21中结果进行分析得平均洛氏硬度=66.04，标准差=0.2583，中位数=66.0，最大值66.5，最小值65.5。

Falex钢球的表面粗糙度*Ra*检测结果见表2-22。

表 2-22　Falex 钢球的表面粗糙度　　单位：μm

钢球编号	表面粗糙度 *Ra*	钢球编号	表面粗糙度 *Ra*	钢球编号	表面粗糙度 *Ra*	钢球编号	表面粗糙度 *Ra*
1	0.060590	6	0.058912	11	0.064133	16	0.069899
2	0.054897	7	0.061228	12	0.058400	17	0.062502
3	0.063286	8	0.054535	13	0.056830	18	0.058698
4	0.049807	9	0.051538	14	0.052886	19	0.066273
5	0.050946	10	0.057134	15	0.059878	20	0.059379

对表 2-22 中结果进行分析得平均表面粗糙度 *Ra* = 0.058588，标准差 = 0.0052392，中位数 = 0.058805，最大值 0.069899，最小值 = 0.049807。

按照 ASTM D4172B 和 SH/T 0189 的要求，考察了 5 组 Falex 钢球的平均磨斑直径（每组 3 个钢球，共计 15 个样本钢球），均为有效数据，结果见表 2-23。

表 2-23　Falex 钢球的磨斑直径　　单位：mm

钢球编号	平均磨斑直径	钢球编号	平均磨斑直径	钢球编号	平均磨斑直径
1	0.558	6	0.546	11	0.575
2	0.561	7	0.536	12	0.533
3	0.554	8	0.582	13	0.538
4	0.555	9	0.530	14	0.505
5	0.546	10	0.547	15	0.526

对表 2-23 中结果进行分析得平均磨斑直径 = 0.546mm，标准差 = 0.0195mm，中位数 = 0.546mm，最大值 0.582mm，最小值 = 0.505mm。

对国产的北京钢球、重庆钢球和上海钢球各 20 个样本的洛氏硬度、表面粗糙度、平均磨斑直径进行了测定，结果证明：国产钢球的洛氏硬度普遍低于 Falex 钢球；北京钢球和重庆钢球表面粗糙度 *Ra* 与 Falex 钢球表面粗糙度 *Ra* 没有显著性差异，而上海钢球表面粗糙度 *Ra* 较 Falex 钢球表面粗糙度 *Ra* 有显著性差异；重庆钢球和上海钢球与 Falex 钢球平均磨斑直径方差没有显著性差异，而北京钢球平均磨斑直径值较 Falex 钢球有显著性差异。

2. 钢球对试验结果的影响的原因与分析

我国一直没有专用的四球机试验钢球，上海钢球、湖北钢球、重庆钢球、哈尔滨钢球、洛阳钢球，还有安顺钢球都是我国曾使用过的钢球。这些钢球由于生产厂家不同，质量各不相同，即使是同一个厂供应的钢球，也因其生产批号不同，质量也不相同。中国石化石油化工科学研究院的李明生选用了美国 Falex 试验钢球、英国 SETA 试验钢球、上海Ⅱ号钢球，上海Ⅲ号钢球和湖北Ⅱ号钢球等五种钢球，对其材料组成、精度等级、表面粗糙度、显微组织和残余奥氏体的含量进行了分析和测试，各种钢球在 MQ-800 型四球试验机上进行了磨损试验，并按 GB/T 3142 方法进行了承载能力试验。

（1）材料组成和夹杂物类型

不同钢球的材料化学组成和夹杂物类型分别见表 2-24。

表 2-24 钢球材料的化学组成 单位:%

钢球名称	C	S	P	Si	Mn	Cr
英国 SETA 钢球	1.01	0.027	0.019	0.30	0.42	1.43
美国 Falex 钢球	1.02	0.016	0.012	0.28	1.78	1.52
上海Ⅱ号钢球	0.96	0.012	0.015	0.21	0.42	1.39
上海Ⅲ号钢球	0.96	0.024	0.017	0.23	0.33	1.47
湖北Ⅱ号钢球	0.97	0.010	0.013	0.38	0.30	1.50

从表 2-24 可以看出，各种钢球的材料均为铬合金轴承钢，就其硫合量来看，SETA 钢球最高，为 0.027%，湖北Ⅱ号钢球最低，为 0.010%。光学显微镜放大 500X 照相可见，SETA 钢球、美国 Falex 钢球为脆性和塑性夹杂各半，较细短分散，上海Ⅲ号钢球也为脆性和塑性夹杂各半，但较粗大。上海Ⅱ号钢球和湖北Ⅱ号钢球为脆性夹杂，且湖北Ⅱ号钢球夹杂较粗大。

夹杂物类型是与材料的组成相联系的，硫化物为塑性夹杂，硅化物、氮化物和氧化物为脆性夹杂。

（2）金相组织

各种钢球在金相组织上没有多大差异，基本为“隐针状马氏体+细针状马氏体+碳化物和少量残余奥氏体”。但上海Ⅲ号钢球和 SETA 钢球的结构更细小均匀。各种钢球的碳化物基本均匀，美国钢球的碳化物细小、弥散，均匀地分布在马氏体上，湖北钢球有少量碳化物呈网状趋势。

各种钢球的残余奥氏体含量见表 2-25。

表 2-25 钢球的残余奥氏体含量

钢球名称	残余奥氏体含量/%
英国 SETA 钢球	14.70
美国 Falex 钢球	15.40
上海Ⅱ号钢球	13.80
上海Ⅲ号钢球	8.50
湖北Ⅱ号钢球	16.90

从表 2-25 可以看出，上海Ⅲ号钢球的残余奥氏体含量最小，为 8.50%，上

海Ⅱ号钢球和 SETA 钢球的残余奥氏体含量相当，分别为13.80%和14.70%，湖北Ⅱ号钢球和美国 Falex 钢球的残余奥氏体含量分别为16.90%和15.40%。

（3）试验钢球的精度、硬度和表面粗糙度

各种试验钢球的精度、硬度和表面粗糙度见表2-26。

表2-26 各种钢球的精度、硬度和表面粗糙度

钢球名称	直径/mm	硬度(HRC)	表面粗糙度
英国 SETA 钢球	12.6955 12.6939 12.6937	64.5	11级
美国 Falex 钢球	12.7012 12.7010 12.7013	64.5	11
上海Ⅱ号钢球	12.7229 12.7229 12.7229	63.2	12
上海Ⅲ号钢球	12.6774 12.6774 12.6774	63.2	12
湖北Ⅱ号钢球	12.7234 12.7234 12.7234	63.2	12

从表2-26可以看出，SETA 钢球和上海Ⅲ号钢球的直径小于12.7mm，为负偏差，上海Ⅱ号钢球，美国钢球和湖北Ⅱ号钢球的直径大于12.7mm，为正偏差。SETA 钢球、美国钢球的硬度值 HRC 为64.5，上海Ⅱ号钢球，上海Ⅲ号钢球和湖北Ⅱ号钢球的硬度值 HRC 为63.2。

（4）各种钢球对抗磨试验结果的影响

用46号抗磨液压油，各种钢球在 MQ-800 四球机上5次的磨损试验结果见表2-27，试验条件为75℃、392N、1200r/min、30min。

表2-27 磨损试验结果

钢球名称	平均磨痕直径/mm	标准偏差/mm
英国 SETA 钢球	0.43	0.018
美国 Falex 钢球	0.47	0.024
上海Ⅱ号钢球	0.58	0.064
上海Ⅲ号钢球	0.41	0.014
湖北Ⅱ号钢球	0.61	0.025

表2-27的结果表明：上海Ⅲ号钢球和SETA钢球的磨损试验磨痕直径分别为0.41mm和0.43mm，其样品标准偏差分别为0.014mm和0.018mm，而美国Falex试验钢球磨损试验磨痕直径为0.47mm，样品标准偏差为0.024mm。为什么上海Ⅲ号钢球和SETA钢球的磨痕直径比美国钢球的小，样品标准偏差又优于美国钢球呢？从对各种钢球的分析结果来看，上海Ⅲ号钢球和SETA钢球同美国Falex试验钢球相比，它们的材料组成、金相结构基本相同，不同的是美国钢球的残余奥氏体含量为15.40%，高于上海Ⅲ号钢球的8.50%和SETA钢球的14.70%。残余奥氏体是在热处理过程中，未转变成马氏体的奥氏体组织，它的存在似乎是一种软组织，在磨损试验时表现出易于磨损的特性。上海Ⅲ号钢球虽然其硬度值HRC稍低，但由于残余奥氏体含量低，金相结构细小、均匀，所以显示了耐磨损的效果，它的样品标准偏差小，是组织细小、均匀起了很好的作用。

上海Ⅱ号钢球和湖北Ⅱ号钢球的磨损试验磨痕直径分别为0.58mm和0.61mm，其样品标准偏差为0.064mm和0.025mm。同美国试验钢球的磨损试验结果相比，上海Ⅱ号钢球和湖北钢球的磨痕直径偏大，上海Ⅱ号钢球的样品标准偏差也偏大。这种情况，是由于上海Ⅱ号钢球的材料夹杂主要是脆性夹杂，而湖北钢球除材料组成为脆性夹杂外，金相结构有少量碳化物呈网状趋势。脆性夹杂和碳化物是硬脆组织，遇强力易崩裂，易脱落，这对磨损试验产生了不利的影响，表现出磨损直径偏大，样品标准偏差大，重复性差的性状。

（5）各种钢球对GB/T 3142方法试验结果的影响

按GB/T 3142方法，用1号参考油、2号参考油和3号参考油在MQ-800四球试验机上对上述几种钢球进行了试验，其试验结果见表2-28。

表2-28　使用不同钢球进行的参考油试验结果

钢球名称	1号参考油			2号参考油			3号参考油		
	PB/N	*PD*/级	*ZMZ*/N	*PB*/N	*PD*/级	*ZMZ*/N	*PB*/N	*PD*/级	*ZMZ*/N
英国SETA钢球	421	16	268	980	18	535	1470	21	872
美国Falex钢球	392	16	231	980	18	508	1436	21	822
上海Ⅱ号钢球	382	14	225	980	18	504	1470	20	829
上海Ⅲ号钢球	372	16	202	931	18	609	1543	21	834
湖北Ⅱ号钢球	363	14	198	980	18	505	1372	19	807

表2-28的试验结果表明，对于低承载能力的油（1号参考油），各种钢球的最大无卡咬负荷P_B同美国Falex试验钢球相当；上海Ⅱ号钢球和湖北Ⅱ号钢球的烧结点P_D小于美国Falex试验钢球，其他钢球与美国Falex试验钢球相近，各种

钢球的综合磨损值 *ZMZ* 与美国 Falex 试验钢球相当。

对于中等负荷承载能力的油(2 号参考油)，除上海Ⅲ号钢球的综合磨损值 *ZMZ* 高于美国 Falex 试验钢球的试验结果外，其他各种钢球的各项试验结果均与美国 Falex 试验钢球的试验结果相当。

对于高承载能力的油(3 号参考油)，除上海Ⅲ号钢球的最大无卡咬负荷 P_B 高于美国 Falex 试验钢球外，其他各种钢球的各项试验结果均与美国 Falex 试验钢球相当。

试验结果与磨损试验结果是基本相吻合的。上海Ⅱ号钢球和湖北Ⅱ号钢球的烧结点 P_D 出现了低于美国 Falex 试验钢球的试验结果，其原因也是在材料夹杂和金相结构的差异上；上海Ⅲ号钢球的试验结果，出现了最大无卡咬负荷 P_B 和综合磨损值 *ZMZ* 高于美国 Falex 试验钢球的结果，也仍然是它的金相结构细小、均匀，而且残余奥氏体含量小的原因。

(6) 结论

通过对 5 种钢球所进行的磨损和极压试验，可以看出在几何形状、精度、表面粗糙度和表面质量基本相同的情况下，钢球的材料组成、硬度和金相结构对四球机的试验结果有影响。

钢球的材料硫含量过小，纯属脆性夹杂，四球机的磨损试验和极压试验结果不均匀，重复性差。

钢球的硬度高，磨损小；硬度低，磨损大。

钢球的金相组织细小、均匀，磨损和极压试验结果偏差小，重复性好；反之如果金相结构不均匀，且有粗大的碳化物或残余奥氏体含量过高，其磨损和极压试验结果偏差大，重复性差。

三、操作因素

必须严格按照标准进行规范化操作，才能得到准确的四球机试验结果。操作方面的因素主要包括钢球、夹头、油盒的清洗，钢球的安装，油盒螺母施加的扭矩，以及加油后是否存在气泡，载荷加载是否存在冲击等。操作方面的影响容易被人们所忽视，但它们的影响绝不亚于其他影响因素。

例如在测试 P_D 时，如果油盒安装力矩不够，油盒中的钢球即会出现转动而影响测试，但安装力矩太大也会影响试验结果，研究表明，当扭力扳手对螺母施加的扭矩为 68N · m±7N · m（6. 93kgf · m±0. 71 kgf · m）时，可提高重复性，当施加的扭矩接近于 136 N · m 时，烧结点会明显偏低。根据试验经验，测定烧结负荷时，油盒拧紧扭矩为 83N · m 最适宜，既能保证油盒中的钢球不滚动，又可

以提高 P_D 的再现性。

由于夹头不断地经受磨损和卡咬，因此每次试验前应仔细检查夹头，如果发现试验钢球与夹头不能紧密结合或夹头有咬伤痕迹，应及时更换。

长时间不做试验的四球机必须预运转，即让试验机空转 3min 左右，以检查试验机是否运转平稳，有无异常现象，及时解决发现的问题，最主要的是恢复主轴回转精度。

试验机组合件和钢球在试验前应用溶剂反复清洗、然后用热风吹干，否则会对试验结果造成一定的影响。用热风吹干的目的是防止水蒸气在有关试验件上产生凝露，室温越高越应注意用热风吹干零部件。

一次洗涤的钢球不宜太多，以防表面污损对试验结果造成一定的影响，同理，清洗后的钢球不能用手触摸，以免手上的油脂对试验结果造成不利的影响。

国外每一个试验周期均采用 4 个新球，国内在做极压试验时一般是将钢球多次使用。这样做必须注意上球重圈、下球重点。特别是在低负荷下上球的磨圈很浅，甚至观察不到，容易产生重圈现象。在高负荷下，上球磨圈大，且周围有烧黑的痕迹，下球磨斑大，易重点，此时钢球的使用次数不宜过多。

防止磨屑对试验结果的影响，在寻找 P_B 值的过程中，在出现卡咬后，必须更换钢球，方能进行下一次的试验，并擦拭油杯，避免卡咬产生的铁屑参与试验，尤其对含油少的切屑液、水剂试样等要特别注意。

四、磨痕的测量

显微镜的精度要求为 0.01mm，并具有计量部门校验合格证，在测量磨痕时应特别注意调好显微镜，保持视线与被测量表面垂直，十字线沿磨痕方向或垂直于磨痕方向移动，不允许出现歪斜现象，否则会导致测量值偏高。应分清磨痕与钢球的界限，有毛刺(在高负荷条件下出现)时，应先刮去毛刺后再测量，以免测量值偏高。

P_B 点的判断应以 $P\text{-}D_{补偿}$ 表为判断的准绳，其他现象，如是否产生了尖锐噪声、磨痕是否为圆形、摩擦力曲线的变化等只能作为辅助手段，厦门天机自动化有限公司的陈东毅认为凡是摩擦系数大于 0.2，油膜就一定破裂，即发生卡咬，同时认为对于特殊的磨斑应采取特殊的处理办法。例如图 2-5 所示的“彗星”状磨斑，如果以图 2-6 的方法测量，直径 $(X+Y)/2$ 与补偿线对比判定，一般是超过；如果以图 2-7 的方法测量，则一般不超过。如图 2-5 的磨斑，实际上是已经发生金属之间的混合摩擦，磨斑后边缘油膜支撑不住，发生轻微的卡咬，部分油膜处于破裂状态，应判定为卡咬。图 2-8 为“双犁沟”状磨斑，以图 2-9 的方法测量，直径 $(X+Y)/2$ 与补偿线对比判定，一般是不超过。但此时钢球之间处于混合摩擦状态，磨斑的上半部与下半部油膜支撑不住载荷，形成犁沟状，应判定为卡咬。如图 2-10 所示，磨斑为“斑中黑子”，以图 2-11 的方法测量，直径$(X+Y)/2$ 与补偿线对比判定，一般是不超过。但此时磨斑右上角的油膜已支撑不住载荷，故形成“斑中黑子”，应判定为卡咬。

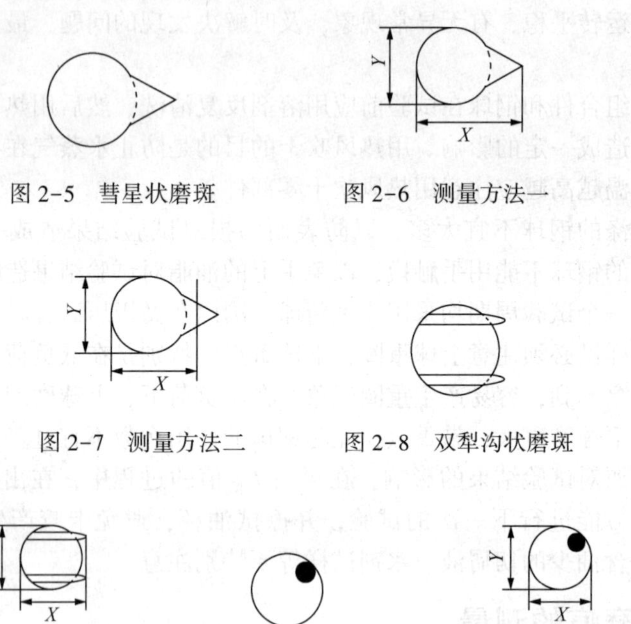

图 2-5　彗星状磨斑　　图 2-6　测量方法一

图 2-7　测量方法二　　图 2-8　双犁沟状磨斑

图 2-9　测量方法　　图 2-10　斑中黑子磨斑　　图 2-11　测量方法

五、P_B、P_D 测试过程中出现的反复现象及其原因探讨

中国广州分析测试中心的王雁生针对最大无卡咬负荷和烧结负荷测试过程中出现的反复现象做了较为深入的分析，并对如何提高四球摩擦磨损试验的精确度进行了探讨。

1. P_B 的测试

P_B 的测定过程常会出现反复的现象，即载荷由低向高加载测试过程中，当某一级别出现卡咬而需减少负荷回到较低一级载荷重新测试时，在此一级甚至是小几级载荷均会出现卡咬的现象。出现反复的现象可能由以下方面引起：

(1) 钢球材料

由于试验钢球存在相当量的残余奥氏体，如美国 Falex 钢球残余奥氏体为 15%，其易于磨损，若钢球材料均匀度不够，则可能导致相同载荷下磨痕出现较大偏差。

（2）主轴转速和负荷传递

启动时间对实验结果的影响很大，而速度的波动也会影响测试结果。此外，试验负荷传递过程中的损失、摆动、振动等均会影响实验结果。

（3）操作规范

如未将上次试验时产生的磨屑从油盒中清理干净就开始下一次试验，则有可能会造成下一次试验的磨粒磨损，影响测试结果。杆杠加载时若出现冲击的现象，造成油膜在加载时破裂，同样会影响极压性能的测试。

（4）主轴跳动的影响

理论上上钢球与3个下钢球在接触点的条件是一致的，但在测试过程中会出现某一接触点较其他两接触点的油膜先失效的情况，此时该下钢球的磨损量迅速增加，其磨损量将会较其他两个下钢球大得多，在载荷的作用下，将会引起上钢球与3个下钢球之间的接触点发生偏移，使主轴发生小角度的倾斜，引起主轴的跳动。若主轴的跳动在下次测试前没有恢复，就会对下一次测试造成影响。

（5）钢球浸泡时间

为节省测试费用，同时减少材料浪费，四球机在测试极压性能的过程中，对测试钢球往往重复使用，即在测试过程中将钢球转过一定的角度，利用其他完好的表面继续测试，直至试验钢球外表面的磨痕较多或磨损量较大而无法再使用为止，才更换新的钢球继续测试。由于油膜的形成与钢球在油样中浸泡的时间有关，浸泡时间越长形成的油膜越完整，甚至越厚。在测试过程中，当钢球出现卡咬后，更换新的钢球继续做重复试验时，由于新的钢球在油样中浸泡的时间相对于此前4个钢球的少，钢球表面所形成的油膜相对较薄，甚至不完整，可能会造成在更换新的钢球后，P_B 测出的结果较前一批钢球测出的小。

此后随着钢球浸泡时间的延长，测试的结果又可能会恢复到前一批钢球的水平，因而出现 P_B 测试过程中反复的现象。

2. P_D 的测试

在实际测试 P_D 过程中，当钢球发生烧结后，多次降低载荷重新测试 P_D，但仍会出现反复现象。这可能主要是由于发生烧结时主轴回转精度受到破坏，出现了一定的圆跳动，而影响了后续测试。

3. 提高测试精度的方法

概括地讲，提高测试精度的途径主要包括以下五个方面：

（1）人

应对试验人员进行严格的培训，使其熟练掌握试验操作以及对各种现象有一定认识。

(2) 机

即为四球机，应保证四球机的转速控制、温度控制和负荷加载系统的精度满足实验要求，更为重要的是必须保证主轴的回转精度。由于 P_D 的测试常会影响主轴的回转精度，因此应定期检查主轴的圆跳动，同时最好采用不同的设备分别测试 P_B 和 P_D。

(3) 物

主要指的是试验钢球，应购买符合标准要求的试验钢球，这是因为标准中的补偿线或烧结是以标准要求的试验钢球为基准的。由于购买的钢球表面通常会有防锈油，因此使用前应用适当溶剂彻底清洗试验钢球，然后用热风吹干。

(4) 法

即为方法，试验人员应熟悉所用的测试方法，掌握各种不同方法的试验条件。当发现卡咬，特别是烧结后，应对设备进行空载运转，恢复主轴回转精度。

(5) 环

即为环境，避免将仪器和工具放在潮湿的环境中，同时应保持周围环境温度相对恒定。

(6)其他

需要特别指出的是关于 P_D 的测定，要求在相同负荷下能重复。如果第一次试验烧结，而重复试验不烧结，则必须增大一级负荷继续试验。

第三章　四球机的应用及对试验结果的探讨

第一节　四球机在油品质量检验中的应用

一、概述

石油经过炼制或加工(蒸馏、裂化、脱蜡、脱沥青、精制及其他炼制方法)而得到的各种产品，称为石油产品。

石油产品在规定使用条件下，满足预定用途所具有的特征和特性的总和称为油品质量。反映油品质量的具体载体就是石油产品标准。

石油产品标准又称产品技术规范，它是根据产品分类、分组、命名、原油的性质、炼制工艺水平、使用的要求和试验方法等对每种产品提出的质量要求。依据指标不同，分别要求不大(高)于、不小(低)于和在一定范围之内。

石油产品试验方法标准是对石油产品试验方法中的仪器、试剂、测定条件、测定步骤、计算公式、精密度等所作的技术规定。它是标准化文献的一部分，经主管部门批准颁布后，作为生产、科研、使用单位一种共同遵守的技术规定和质量监督依据。

石油产品标准和石油产品试验方法标准既有区别又紧密联系。

石油产品试验方法标准化非常重要，因为石油产品化验项目多数是属于条件试验，只有严格地遵守规定的试验条件才能得到准确的结果，试验方法标准化，解决了以下问题：

① 在评定石油产品质量时，避免了可能的争辩与误会，有了问题则以标准方法为依据。

② 各生产厂和用户均遵循同一试验方法，彼此的产品质量可以进行比较，对产品质量有一正确评价。

③ 进一步明确指出某一分析项目的适用范围，避免了选择试验方法的混乱。

④ 统一了试验方法所应用的仪器、试剂等，有利于提高分析精确度。

每一个单独的试验方法都是推荐性标准，但在某一产品标准中一旦指定了某指标的试验方法，则该试验方法对这一产品而言就具有了强制性的属性，所以任何一项评定指标必须标明是用何种方法测定的，如测定油品的最大无卡咬负荷时必须标明是用的GB/T3142方法还是用的GB/T12583方法。

二、检验成品油的质量

由于四球机试验操作简单、费用低、周期短，因而是所有模拟台架试验设备中保有量最多的一类。但由于实际摩擦副很少是点接触的，故在油品规格中应用并不普遍，主要用于添加剂、复合配方的筛选。有四球机试验指标的油品详见表3-1。

表3-1 有四球机试验指标的油品

油品名称	指标要求	试验方法
普通车辆齿轮油(CLC) (SH/T 0350—2007)	$P_B \geqslant 784N$	GB/T 3142
4403号合成齿轮油 (SH/T 0467—1994)	$P_D \nless 1961N$，$ZMZ \nless 343N$	GB/T 3142
导轨油 (SH/T 0361—2007)	$d_{60min}^{200N} \leqslant 0.50$	SH/T 0189
CKD工业齿轮油 (GB 5903—2004)	$P_D \nless 2450N$，$ZMZ \nless 441N$，$d_{60min}^{196N} \ngtr 0.35mm$	GB/T 3142 SH/T 0189
蜗轮蜗杆油(CKE/P) (SH/T 0094—2007)	$ZMZ \nless 392N$	GB/T 3142
普通开式齿轮油 (SH/T 0363—2007)	$P_B \nless 686N$	GB/T 3142
农用柴油机油 (GB 20419—2006)	$d_{60min}^{392N} \leqslant 0.55mm$	SH/T 0189
合成切削液 (GB/T 6144—2010)	$P_B \nless 200N$(L-MAG)；$P_B \nless 540N$(L-MAH)	GB/T 3142
舰船齿形联轴器润滑脂 (GJB 6745—2009)	$P_D \nless 4900N$，$LWI \nless 502N$，$d_{60min}^{392N} \leqslant 0.50mm$	GB/T 12583 SH/T 0204
7407号齿轮润滑脂 (SH/T 0469—1994)	$P_B \nless 1078N$，$P_D \nless 6080N$	GB/T 3142
极压锂基润滑脂 (GB/T 7323—2008)	$P_B \nless 588N$	SH/T 0202

续表

油品名称	指标要求	试验方法
极压复合锂基润滑脂 (SH/T 0535—2003)	P_D≮3089N，ZMZ≮637N(一等品) ZMZ≮441N(合格品) d_{60min}^{392N}≯0.50mm(一等品)	SH/T 0202 SH/T 0204
极压膨润土润滑脂 (SH/T 0537—2003)	ZMZ≮490N	SH/T 0202
极压聚脲润滑脂 (SH/T 0789—2007)	P_B≮686N	SH/T 0202
食品机械润滑脂 (GB 15179—2004)	d_{60min}^{392N}≯0.70mm	SH/T 0204
361 极压抗磨剂 (SH/T 0016—1998)	P_B≮900N	GB/T 3142
405 系列油性剂 (SH/T 0395—1998)	P_B≮697N(10%T405+90%150SN) P_B≮588N(10%T405A+90%150SN)	GB/T 3142
406 油性剂 (SH/T 0555—2005)	d_{60min}^{147N}≯0.38mm	SH/T 0189
321 极压剂 (SH/T 0664—1998)	P_D≮4900N(5%T321+95%基础油)	GB/T 3142
轴承油(FD) (SH/T 0017—2007)	合格品：P_B>343N(2 号) P_B>392N(3 号和 5 号) P_B>411N(7 号和 10 号) P_B>490N(15 号和 22 号) 一级品：D_{60min}^{196N}≤0.50mm	GB/T 3142 SH/T 0189

第二节　四球机在燃料抗磨性评定中的应用

一、概述

所谓燃料润滑性主要指喷气燃料和柴油的润滑性。

喷气发动机主油泵、加力油泵的润滑是靠燃料自身的润滑性来完成的，当燃料润滑性能不足、燃料泵的磨损增大时，将直接影响发动机燃油供应的灵敏调节、油泵寿命乃至飞行安全。喷气燃料润滑性已成为科研生产及使用部门关注的重要使用性能指标。我国开始认识到喷气燃料润滑性问题是在20世纪60年代，在试用大庆1号喷气燃料时，出现了涡轮惯性时间(即关闭油门后至涡轮完全停止运转的时间)缩短，转动涡轮时有响声，在滴入数滴航空润滑油后，这些现象完全消失。在试用胜利1号喷气燃料过程中出现了主燃油泵故障频发，油泵柱塞严重磨损等现象。由此可见，喷气燃料润滑性能差，会严重影响燃油泵的正常运转。我国20世纪70年代先后发现加氢裂化喷气燃料和非加氢深度精制喷气燃料在实际使用中出现润滑性不能满足要求的问题，为此，建立了MHK-500环块试验机评定喷气燃料润滑性的方法(SH/T0073—91)，并提出用抗磨指数$K_m>90$监控喷气燃料的润滑性。进入90年代以来，国产喷气燃料的质量情况发生了很大变化，加氢裂化和加氢精制工艺生产的喷气燃料所占比例大幅度增加，非加氢精制工艺有了更加丰富的内容。同时，我国民用的喷气燃料质量完全与国际的Jet A-1喷气燃料接轨。目前国际上评定喷气燃料润滑性的试验方法为ASTM D5001—90a，该方法是使用BOCEL-100试验机进行评定，燃料的润滑性以在试球上产生的磨痕直径*WSD*表示。美国对军用喷气燃料的润滑性要求磨痕直径*WSD*不大于0.65mm，而民用喷气燃料磨痕直径*WSD*不大于0.85mm。2000年由中国石化石油化工科学研究院起草了SH/T 0687—2000(2007)航空涡轮燃料润滑性测定法(球柱润滑性评定仪法)，该方法基本等效采用ASTM D5001，具有良好的重复性和再现性，是我国评定喷气燃料润滑性通常采用的方法。

柴油机燃油供给系统中的柱塞和套筒、针阀和针阀体、出油阀和阀座这些精密部件，在高速、高压、高温或较高温度以及很小配合间隙下工作，既要相互灵活滑动，又要在高压油中保持密封性，以保证向燃烧室定时定量地供给雾化细碎的高压燃油。这些部件在工作中将受到机械磨损、冲击和燃油腐蚀等，其润滑主要依靠燃油本身来完成。如果柴油抗磨润滑性不好，将导致精密部件过度磨损、配合精度下降、燃油雾化不良、发动机功率不足或怠速不稳等问题。研究柴油抗磨润滑性，对保证发动机正常工作、减少发动机部件磨损具有重要的实际意义。

20世纪80年代末期，人们意识到汽车发动机排放的尾气对健康和环境的危害相当严重，虽然柴油车的燃料消耗量仅为汽油车的70%，尾气排放物中的CO_2和CO都比汽油车尾气少，但NO_x多21%，HC多27%，颗粒物(PM)多22%，特别是重负荷柴油车尾气排放物和多环有机物等有害物质更多一些。天然存在于原油中的硫是燃料产生PM的关键，98%在燃烧过程中转化为SO_2，其余2%作为硫酸盐排放，最终成为PM的一部分，同时也可使汽车尾气催化转化器催化剂中毒。如果在炼制过程中不除掉，将污染车用燃油、影响环境。美国和西欧各国、亚太地区已经将硫含量降到了50μg/g以下。在极度加氢情况下生产低硫、低芳烃柴油特别是超低硫柴油，大量天然极性抗磨物质被除去，燃料润滑性大大降低，美国、加拿大、瑞典等早期使用低硫柴油的国家频频出现柴油机高压油泵和喷油器黏着磨损导致燃料泵失效的故障。

为了寻找新的可再生能源，乙醇、甲醚(DME)等成为人们关注的对象，乙醇调和柴油、DME替代柴油已用于实际发动机。甲醚等生物替代柴油，属于可再生资源且资源充足，减少了人类对原油的依赖，并且有利于减少大气温室气体及发动机颗粒物质排放。但是，乙醇、甲醚对柴油润滑性产生极大影响，发动机喷油系统磨损问题严重。

为了评价柴油的润滑性能，预测其在燃料泵系统中的磨损状况，开发了众多模拟试验方法。其中以Falex公司开发的球座试验(BOTS)和球板试验(BOTD)、美军Belvoir燃料和润滑油研究中心开发的球柱试验(BOCLE)和擦伤负荷试验(SLBOCLE)，以及英国伦敦帝国学院开发的高频往复试验(HFRR)影响最大。1991年，SAE、CEC分别设立专门委员会或工作小组，考察现有试验室模拟评定方法的有效性。1992年，在ISO的协调下，SAE和CEC共同组成SC/WG6工作组，对现有柴油润滑性能评定方法进行了系统的评估。其中HFRR是目前普遍认可的柴油润滑性能模拟评定方法。

二、SH/T0687—2000(2007)《航空涡轮燃料润滑性测定法(球柱润滑性评定仪法)》

该方法重复性和再现性好，是目前我国评定喷气燃料润滑性通常采用的方法。

1. 方法概要

把测试的试样放入试验油池中，保持池内空气相对湿度为10%。一个不能转动的钢球被固定在垂直安装的卡盘中，使之正对一个轴向安装的钢环，并加上负荷。试验柱体部分浸入油池，并以固定速度旋转，这样就可以保持柱体处于润湿条件下，并连续不断地把试样输送到球/环界面上。在试球上产生的磨痕直径是试样润滑性的量度。

2. 仪器与试剂

(1) 仪器

采用美国INTER AV INC(美国阿维奥尔公司)BOCLE-100试验机，试球为ANSI标准钢E-52100铬合金钢，试环为SAE8720钢。国内已实现了该仪器的国产化，其型号为MRQ-001。

(2) 试剂

丙酮、异丙醇、异辛烷、参考液A和B。其中参考液A和B用于校机，要求在标准条件下 A 油的磨痕直径为 0.56mm±0.04mm，B 油的磨痕直径为 0.86mm ±0.08mm。

3. 试验操作条件

① 试样体积：50mL±1.0mL；

② 试样温度：25℃±1℃；

③ 经调节的空气：在 25℃±1℃时的相对湿度为(10±0.2)%；

④ 试样预处理：一股气流以 0.5L/min 通入试样中，同时另一股气流以 3.3L/min 流过试样表面 15min；

⑤ 试样试验条件：空气以 3.8L/min 流过试样表面；

⑥ 施加的负荷：9.8N；

⑦ 柱体转动速度：240r/min±1r/min；

⑧ 试验时间：30min±1min。

4. 影响喷气燃料磨痕直径的因素

(1) T1501 抗静电添加剂

加入 T1501 抗静电添加剂后，试样的磨痕直径稍减小；但随着加剂量的增加，磨痕直径趋于稳定。探其原因，是因为空白样中缺少天然极性物质，而抗静电添加剂具有极性，它的加入增加了喷气燃料吸附于钢球的能力，使实验过程中测定的磨痕直径减少，在实际应用过程中提高了喷气燃料的润滑性。但实验证明，两者测定结果的差值在方法的精密度范围内，即抗静电添加剂对喷气燃料的抗磨性并没有实质性影响。

(2) 环境温度对磨痕直径的影响

环境温度越高，相应的喷气燃料的磨痕直径越大，这主要是油温提高以后，喷气燃料的黏度降低，在钢球上的黏附能力变小，所以必须严格控制试验温度。

(3) 环境湿度对磨痕直径的影响

喷气燃料具有一定的吸潮能力，当湿度增加时，磨痕直径基本呈线性增大。由于水的极性远大于喷气燃料，所以水更容易吸附在金属界面上，但是水的润滑性远差于喷气燃料的润滑性，所以这种结果是必然的。因此，在实验中一定要控制好湿度。

(4) 原油和加氢工艺对磨痕直径的影响

不同原油生产的直馏喷气燃料的磨痕直径有一定差别，但不明显。直馏喷气燃料经过加氢后，其磨痕直径增加较大，并具有普遍性。所以说对喷气燃料进行加氢对其润滑性不利。现在较普遍的做法是，在加氢喷气燃料中加入抗磨剂如 T1602 来改善其润滑性。T1602 抗磨剂来源方便，对喷气燃料其他性能影响较小，对于我国加氢精制和加氢裂化生产的喷气燃料，必须加入 15mg/L 左右的 T1602 添加剂。

5. 抗磨指数(环块法)与本方法的相关性

陶志平等考察了 K_m 值与 *WSD* 值之间的关系，并得到了如下回归方程：

$$Y=-261.75X+296.41$$

式中　Y——K_m 值；

X——*WSD* 值。

其相关系数为 0.908。按照我国长期执行的抗磨指数 K_m 不小于 90，则可以得到磨痕直径 *WSD* 为 0.79mm，这高于按照 DEF STAN 91.91/4 中要求不大于 0.85mm 的指标。同样，*WSD* 为 0.85mm 时，可以得到 K_m 值为 74。若按照美国军用飞机 *WSD* 要求不大于 0.65mm 的标准，K_m 值应大于 126。

三、SH/T0765—2005 车用柴油润滑性评定法(高频往复试验机法)

我国车用柴油从 GB/T19147—2003 标准开始增加了对柴油润滑性的要求，采用的分析方法是 ISO12156—1：1997，2005 年我国进行了方法标准化，方法代号为 SH/T0765—2005，简称为 HFRR 法(the high-frequency reciprocating rig)。2009 年发布的车用柴油标准升级为强制性标准，标准代号为 GB19147—2009，但润滑性评定指标并没有变化，要求 HFRR 法测定的磨斑直径不大于 460μm。

1. 仪器和试剂

高频往复试验装置(包括高频往复试验机、恒温恒湿箱)，100 倍显微镜，超声波清洗器，干燥器，丙酮(分析纯)，甲苯(分析纯)。

专用实验片由退火的 AISI E52100 钢棒加工成具有维氏硬度“*HV*30”为 190~210，并经研磨和抛光到表面粗糙度 $Ra<0.02\mu m$。

专用试验球材料为 AISI E52100 钢，直径 6mm，洛氏硬度 HRC 为 58~66，表面粗糙度 $Ra<0.05\mu m$。

2. 仪器的安装

高频往复试验机(HFRR)对环境的温度和湿度有要求，因此 HFRR 配备专用的恒温恒湿箱。恒温恒湿箱安装完毕后，将装满盐过饱和溶液(调节湿度用)的水槽放在下层的隔板上，将 HFRR 安放在上层隔板上，连接线路和温度、湿度传感器。

3. 试验步骤

使用前，样品池和测试球、测试圆片以及它们的固定支架、所有相关的固定螺丝，均要浸泡在甲苯中，用超声波清洗器清洗数次，然后换丙酮清洗，以确保彻底清洁。在之后的安装过程中，要使用清洁的工具，保护测试部分(片、球、池和固定装置)不受污染。

将测试圆片放入样品池，光面向上。将测试球放在测试球支架的槽内，用螺丝固定好。将测试球支架与 HFRR 上的振动臂相连，并固定。将热电偶插入样品池。

在恒温恒湿箱温度和湿度满足实验条件的情况下，HFRR 要在恒温恒湿箱内放置一段时间，以使 HFRR 与箱内的温度一致。达到要求后，将 2mL 试样注入样品池。在振动臂上悬挂 200g 砝码，记录恒温恒湿箱内温、湿度，开始实验。实验条件见表 3-2。

表 3-2　实验条件

参　数	数　值	参　数	数　值
取样量/mL	2. 0±0. 2	样品温度/℃	60±2
冲程/mm	1. 0±0. 02	承载负荷/g	200±1
频率/Hz	50±1	测试时间/min	75±0. 1
环境温度与湿度	①		

① 试验环境的温度与湿度应在距试验件 0. 1～0. 5m 范围内测量，并控制在图 3-1 所示的容许范围内。如果其值不符合图 3-1 的要求，则需采取措施进行调整。调整湿度的方法是在水槽中换装不同种类盐的过饱和溶液，见表 3-3。

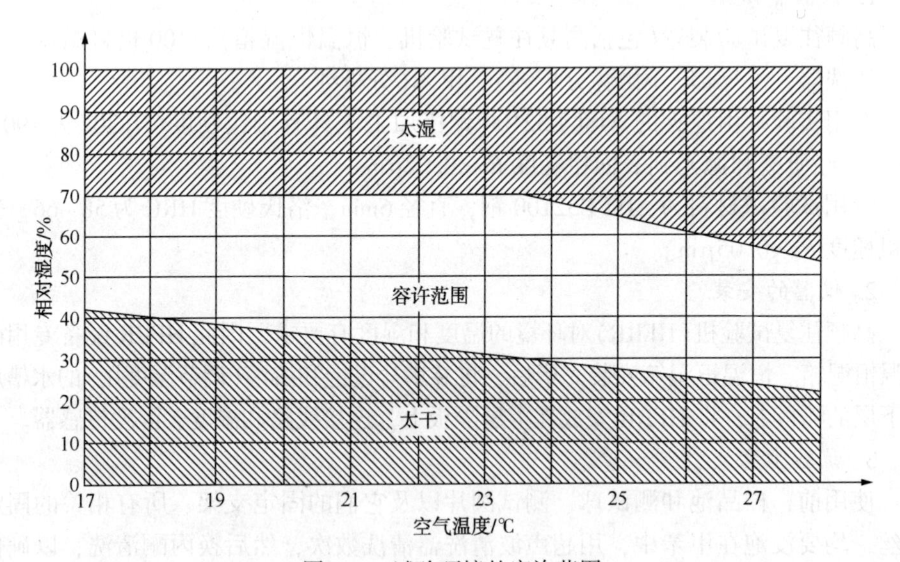

图 3-1　试验环境的容许范围

表 3-3　实验温度与盐溶液种类关系

环境温度/℃	恒温恒湿箱内温度/℃	盐溶液种类
<20	20	NaBr
<25	25	K_2CO_3
<30	28	NaI
<30	30	$MgCI_2$

实验时间是 75min。实验结束前，记录恒温恒湿箱内的温度和湿度。之后，切断振动和加热器开关，将悬挂的砝码取下。卸下测试球支架，用甲苯和丙酮反复清洗直至清洁，干燥后，用笔在测试球面上标出磨痕的位置。

样品池和固定螺丝等其他部件，也用同样的方式清洗干净，置于干燥器中保存、备用。将装有测试球的支架，放在显微镜下面，调整位置，使测试球磨痕处于目镜视野的中心。调显微镜的焦距，直到能够清楚地看到磨痕的边缘。测量磨痕直径。分别在 X 轴和 Y 轴方向上读取磨痕直径，精确到 1μm。

4. 数据处理

测定的磨痕直径称为未校正平均磨斑直径(MWSD)，最终结果需要按水蒸气压 1.4kPa 为标准进行校正。校正后的磨痕直径用 WS1.4 表示，计算方式如下：

① 未校正的平均磨痕直径 $MWSD=(x+y)/2$，x 为振动方向上的垂直磨痕直径，y 为振动方向上的水平磨痕直径。

② 计算实验开始与结束时的绝对水蒸气压(AVP_1 和 AVP_2)、实验过程的平均绝对水蒸气压(AVP)。

$$AVP_1=(RH_1-10^{\nu_1})/750$$

$$AVP_2=(RH_2-10^{\nu_2})/750$$

$$AVP=(AVP_1+AVP_2)/2$$

式中　RH_1、RH_2——实验开始和结束时恒温箱的相对湿度，均用百分数表示。

ν_1、ν_2 按下式计算：

$$\nu_1=8.017352-1705.984/(231.864+t_1)$$

$$\nu_2=8.017352-1705.984/(231.864+t_2)$$

式中　t_1——实验开始时恒温恒湿箱的温度,℃；

t_2——实验结束时恒温恒湿箱的温度,℃。

③ 校正后的磨痕直径($WS_{1.4}$)

$$WS_{1.4}=MWSD+HCF(1.4-AVP)$$

HCF 称为湿度校正系数，对于普通未知柴油样品，$HCF=60\mu m/kPa$。

5. 试验注意事项

(1) 实验室条件

仪器配套的恒温恒湿箱，恒温效果一般，如果不希望配制多种过饱和盐溶液，应尽可能使室温恒温。据经验，恒温恒湿箱最低可控制温度为室温以上2℃。如果选择 K_2CO_3过饱和盐溶液，室温应在22℃左右。实验室的湿度对分析影响不大，但室内湿度过低或过高时，应尽可能减少恒湿箱开门时间，避免箱内湿度变化过大，恢复时间过长。另外实验室湿度较低时，要注意及时向盐溶液中补充水，室内湿度过高时，盐溶液会吸附空气中的水，注意不要溢出。

(2) 选择过饱和盐溶液的原则

在实验室条件允许情况下，应尽可能选择低温条件的盐溶液。高温条件的盐溶液容易析出，并在恒温恒湿箱内部各处结晶，建议使用25℃条件下的 K_2CO_3，因为该实验条件是实验室最易实现的最低温度条件。如果确实需要使用 NaI 或 $MgCl_2$盐溶液，建议分析完毕后，要尽快将其从恒温恒湿箱中取出，妥善保存。如果实验室温度变化较大，则需准备几种盐溶液。无论是更换盐溶液，还是处理箱内的盐结晶都是很麻烦的。

(3) 用显微镜读数

焦距的调节是非常重要的，不同的焦距下读数误差可达数十微米。由于显微镜下观察的测试球面呈球形，在调节焦距时，选择参照点不同，调节的焦距就不同。在调节焦距时，应选择的参照点为测试球面上磨痕的最外沿。当焦距调节到磨痕的最外沿清晰即可，这样的读数误差很小。

四、用四球机评定燃料抗磨性的研究

目前世界范围的两个使用最广的燃料润滑性试验方法是 HFRR 法和 BOCLE 法，但试验设备有限，费用高，兰州研发中心、北京燕山石化炼油厂、中国石化石油化工科学研究院及后勤工程学院等单位在四球磨损试验机上建立了柴油润滑性试验方法，四球磨损与 HFRR 试验结果具有一定的对应性，并且具有较好的重复性和区分性，操作简单，费用低。

1. 试验条件的筛选

(1) 负荷

显然，进行燃料润滑性评定时试验负荷不能大，如49N。

(2) 转速

对于柴油等黏度较小的液体来说，转速的影响较大。为了使转速所引起的液体动力学等影响减至最小，模拟试验应在低速下进行，如600r/min。

（3）时间

大量研究表明，运动部件的磨损历程分为初始期、稳定期和终结期 3 个阶段，其中初始期磨损速率最大，磨损量迅速增加，后逐渐稳定。因此，为了节省评定时间，试验时间一般控制在 1h 内。

（4）温度

发动机燃料泵进口温度约为 76℃。但研究表明，温度升高，燃料挥发性大大增加，试验苛刻度增加，相关性降低。因此，试验温度不宜过高，如 60℃。

中国石油兰州润滑油研究开发中心的雷爱莲等通过正交试验考察了试验条件对柴油润滑性的影响，其试验方案是：选择两种柴油，一种抗磨性好（HFRR 测定结果为 213μm），另一种抗磨性差（HFRR 测定结果为 403μm），取四因素三水平进行正交试验。以两种柴油的磨斑直径之差来判断试验条件的区分性能，磨斑直径差值越大，表示对两种柴油的区分性能越好；反之，对两种柴油的区分性能越差。试验结果证明，影响试验结果的因素依次为试验转速（极差为 0.42）、试验负荷（极差为 0.21）、试验温度（极差为 0.15）和试验时间（极差为 0.09），由此可见，影响区分性的最重要的因素是试验转速，最次要因素是试验时间。并在此基础上建立了具体的试验方法，但试验参数进行了脱密处理，同时用建立的方法考察了柴油中硫和氮含量对试验结果的影响，证明高频往复试验结果和四球磨损试验结果与油样的硫和氮的含量有关，油样中的硫和氮的含量越高，高频往复试验结果和四球磨损试验结果越好；反之，越差。

中国石化石油化工科学研究院的韦淡平认为影响柴油润滑性的物质主要是多环芳烃、含氧化合物、含氮化合物、含硫化合物。研究结果表明，柴油组分中的单环芳烃和双环芳烃含量与柴油组分的磨损关系不大；而多环芳烃含量增加，磨损迅速下降，多环芳烃含量太低时柴油及其组分磨损很大。模型化合物试验结果与柴油馏分的结果一致，在柴油中各类芳烃实际含量的范围内，只有多环芳烃是有效的抗磨剂，当含量大于 1%时就有抗磨作用。柴油中的含氧物质主要是羧酸和酚，羧酸是很好的抗磨剂，即使加入微小的剂量对柴油抗磨性的改善也是明显的。柴油中的含氮物质主要是含氮杂环化合物，如吡啶、吡咯、喹啉、咔唑等，其中吡啶和咔唑含量较大。当加氢精制柴油中含有吡啶或吡咯时，在摩擦过程中能生成高电阻的保护膜，有效地降低磨损。试验表明，含硫杂质有抑制在摩擦表面上生成高电阻保护膜的倾向，这可能与含硫化合物易导致摩擦金属表面产生晶间腐蚀有关。含硫杂质的含量效应不明显，例如，二苄基二硫的质量分数由 20000μg/g 变化到 200μg/g，磨斑直径由 0.52mm 变化到 0.51mm。苄硫醇和噻吩也有类似的变化规律，磨损对这些含硫物质的含量并不敏感。多环芳烃与含氮物质的含量对磨损的影响则大得多，吡咯的质量分数由 1%变化到 0.1%时，磨斑直径由 0.20mm 变化到 0.43mm。

作者利用均匀设计考察了试验转速、负荷、时间对柴油抗磨性的影响。三个因素的变化范围为：试验机转速为 400~900r/min、负荷为 49~196N、时间为 10~30min，将前 2 个因素均分为 10 个水平，时间因素分为 5 个水平，选用 U_{10}(10×10×5)均匀设计表安排试验。运用逐步回归分析方法，剔除不显著因素后得到如下的回归方程，其复相关系数 $R=0.96$。

$$D=0.387-0.000148n+0.000000958n\times P+0.00000760n\times t$$

式中 D——磨斑直径，mm；

n——主轴转速，r/min；

P——试验负荷，N；

t——试验时间，min。

由回归分析结果可知，对试验结果影响最大的因素是转速与时间的乘积(即滑动距离)，其次是转速与负荷的乘积，影响最小的因素是转速，而负荷的影响仅体现在转速与负荷的乘积中。滑动距离越长，磨斑直径越大，这一结论与实际情况是完全相符的。转速与负荷的乘积是反映试验苛刻程度的参数，同时也是决定润滑状态的参数，其对磨斑直径有显著的影响，与实际情况是完全相符的。从回归方程的回归系数看，转速项的系数为负值，即转速越高，磨斑直径越小，转速是该试验的一个决定性参数，同时必须与负荷、试验时间相互配合，从而确定一个与实际使用情况有良好相关性的试验方法。

2. *具体试验方法*

宋宇微等通过正交分析得出了如下试验条件：载荷 39.2N、试验转速 600r/min、试验时间 40min、试验温度 25℃。在此条件下其试验结果与 HFRR 的相关系数达到 0.97，其回归方程为

$$Y=1.0415X-0.0407$$

式中 Y——HFRR 磨痕直径；

X——四球机试验磨斑直径。

第三节　四球机在内燃机油抗磨性评定中的应用

一、内燃机的润滑与磨损特征

内燃机的主要摩擦副包括缸套与活塞环、凸轮轴与挺杆、曲轴与轴瓦。缸套—活塞环为典型的往复滑动摩擦形式，它们之间的润滑方式很复杂，既存在流体动压润滑，也存在混合润滑和边界润滑。在缸套中部，活塞速度高，润滑方式

为流体动压润滑；在上、下止点附近，活塞速度低，润滑方式为混合润滑或边界润滑。根据流体动压润滑原理，运动速度越低油膜厚度就越小。在上、下止点处，活塞速度为零，油膜厚度也接近于零；上止点附近温度高，润滑油黏度低，再加上燃料燃烧产生的高温高压气体通过活塞环间隙进入环槽，高压把活塞环压向缸套，使缸套—活塞环之间的油膜厚度非常薄，所以上止点处的润滑条件最苛刻。当承载油膜低于零件表面微观不平度的突起高度时，就会出现边界摩擦甚至干摩擦，从而使磨损增加，所以，在活塞顶环上止点处的缸套磨损最大。

凸轮轴与挺杆之间的润滑方式也很复杂，同样既存在弹性流体动压润滑，也存在混合润滑和边界润滑。当汽车在高速公路上高速行驶时，弹性流体润滑占主导地位，因而发动机凸轮轴与挺杆的磨损主要由启动、爬坡、停车等阶段造成，此时速度低，边界润滑起主要作用。

发动机在正常连续运转时，连杆轴瓦的润滑条件比阀系和缸套-活塞环要好得多，润滑方式以流体动压润滑为主，发动机启动或停机过程中，由于发动机转速和主油道机油压力低，连杆轴瓦处于边界润滑状态。但润滑油使用超过一定期限后，腐蚀会成为连杆轴瓦最大的威胁。因为油品发生氧化会产生酸，燃料在燃烧过程中产生的二氧化硫和氮氧化物遇水也会形成酸性物质，当摩擦在腐蚀性环境中进行时，酸性物质会和金属材料发生化学反应，在金属表面生成反应物，通常这些反应产物在金属表面粘结不牢，很容易在下一步的摩擦过程中被磨掉，从而导致腐蚀磨损。由于摩擦不断地移去生成物，可以认为腐蚀磨损并不等同于单纯的腐蚀过程。发动机连杆轴瓦由于含有铅、铜等金属更容易产生腐蚀磨损。

润滑油中烟炱对柴油机磨损的影响，主要表现在缸套—活塞环部分和进排气阀系部分。经过大量研究，研究人员得出了五个主要烟炱磨损机理：

① 烟炱对 ZDTP 分解产物的优先吸附，阻碍了金属表面抗磨膜的形成；

② 烟炱同 ZDTP 对金属表面进行争夺，减少了 ZDTP 的金属表面覆盖率；

③ 烟炱改变了抗磨膜的结构，减弱了抗磨膜的机械强度和对金属表面的粘合力；

④ 由于烟炱集聚而使能够真正起润滑作用的油量减少；

⑤ 由烟炱引起的磨粒磨损。近些年的有关研究表明，柴油机的烟炱磨损主要是由磨粒磨损引起的。

二、美国内燃机油抗磨性的台架试验

美国汽油机油的抗磨性能主要通过汽油机台架试验来评定，即 MS 程序Ⅲ和 MS 程序ⅣA。

MS 程序Ⅲ由美国通用汽车公司于 1962 年开发建立，主要用于评价汽油机油的抗高温氧化性能，随着汽油机油的不断升级换代，由程序Ⅲ开始，经历了ⅢB、ⅢC、ⅢD、ⅢE、ⅢF，发展到ⅢG，在评定汽油机油抗高温氧化性能的同时，通过阀系磨损评定汽油机油的抗磨性，即平均凸轮挺杆磨损、最大凸轮挺杆磨损、凸轮挺杆擦伤等。

20世纪50年代初，为了改善发动机的加速性能，需要提高进排气效率，凸轮挺杆擦伤成为当时突出的普遍问题。为解决磨损问题，克莱斯勒公司经过10年多的研究，于1962年提出MS程序Ⅳ试验。直到1972年，试验证明MS程序ⅢC试验的磨损评价项目完全可以代替MS程序Ⅳ试验后，为简化评定手续，节约评定经费，取消了MS程序Ⅳ试验。2001年，随着ILSAC GF-3规格的推出，MS程序ⅢF试验代替了无配件的MS程序ⅢE试验，MS程序ⅤG试验代替了2000年淘汰的MS程序VE试验，MS程序ⅣA试验(NissanKA24E)则代替了MS程序VE试验的磨损性能方法ASTM RR D02-1473，用来评价低温阀系磨损。这是因为MS程序ⅤG发动机进排气系统改用滚动随动传动机构，不能评定凸轮挺杆磨损，而新开发的ⅣA试验与MS程序ⅤE试验有很好的对应性。

美国柴油机油的抗磨性能主要通过Mack系列和Cummins系列台架进行评定。

早在1971年，Mack公司建立了Mack T-1台架来评定Mack发动机油EO-H，随着API油品规格的不断发展，Mack系列方法先后发展了T-6、T-7、T-8、T-8A、T-8E、T-9、T-10、T-11、T-12等方法，分别评定从API CE到CJ-4的各级油品，与抗磨性密切相关的是T-6、T-9、T-10、T-12。T-6用来评定API CE和CF-4级柴油机油的活塞沉积物、油耗和活塞环磨损。T-9用于在高烟炱含量下，评价CH-4级柴油机油的抗缸套—活塞环磨损和轴瓦腐蚀性能，在CF-4规格中用Mack T-9代替Mack T-6试验，同时试验结果表明，T-9台架可替代L-38作为API CH-4级润滑油轴承磨损台架。T-9不适用于EGR发动机，为评估EGR发动机润滑油的抗氧化性能，发动机磨损和轴承腐蚀，Mack T-10测试作为T-9测试的改进型被建立。Mack T-12与T-10的评定目的是相同的，因而具有相似的考核参数，但T-12台架用来评定CJ-4级柴油机油，其评定指标为：试验结束时测试油中铅含量变化、250~300h铅含量变化、气缸衬里磨损、顶环失重、润滑油损耗。

Cummins M-11(HST)柴油机台架试验用于API CH-4油，通过模拟1998年以后的重型载货车的运行工况，评定油品对由烟炱引起的发动机摇臂相关部件的磨损。Cummins M-11(EGR)用于评定API CI-4级油，通过模拟2002年以后高速公路上行驶的载货车工况，评定油品对降低与烟炱相关的、具有废气再循环(EGR)的发动机磨损的效果。用于评定API CJ-4油品的Cummins ISM与M-11

(EGR)基本相同，只是因为 M-11(EGR)台架将要停产而代之以 ISM。Cummins ISB 是 API CJ-4 规格中新增加的测定特殊阀系磨损的试验。ISB 的阀系与众不同，它既采用滚动凸轮随动杆，又采用蘑菇式的扁平滑动凸轮挺杆，用来测定这种由烟炱引起的特殊阀系磨损。

三、模拟 MS 程序Ⅲ的抗磨试验

MS 程序Ⅲ主要用于评定内燃机油的氧化安定性，同时通过检测凸轮挺杆的磨损来评定其抗磨性，由内燃机的润滑与磨损特征可见，在材料组成、金属结构、表面粗糙度、接触方式、润滑油降解机理、供油方式和润滑状态等方面四球机试验与程序Ⅲ试验均有较大差异。

颉敏杰等在四球摩擦磨损试验机和四球极压试验机上按照 SH/T0189《润滑油抗磨损性能测定法(四球机法)》和 GB/T 3142《润滑剂承载能力测定法(四球法)》测定了程序ⅢE 台架试验通过油和失败油的磨斑直径和最大无卡咬负荷 P_B，实验证明，ⅢE 台架试验通过油的最大无卡咬负荷 P_B 不大于 931N，而一种失败油的最大无卡咬负荷 P_B 却最大，结果为 980N，说明最大无卡咬负荷 P_B 对ⅢE 台架试验通过油和失败油没有区分性；ⅢE 台架试验通过油的磨斑直径有大有小，结果在 0.45～0.48mm 范围内，而一种失败油的磨斑直径却最小，结果为 0.44mm，说明磨斑直径对ⅢE 台架试验通过油和失败油也没有区分性。

标准试验方法测定的磨斑直径和最大无卡咬负荷 P_B 不能有效地区分ⅢE 台架试验通过油和失败油的抗磨损性能，所以必须通过对转速、负荷、时间、油温等参数的仔细研究，在四球机上模拟发动机最重要摩擦副缸套与活塞环、凸轮轴与挺杆润滑的最突出特征，即边界润滑，以确定与程序Ⅲ试验有较好相关性的试验条件及判断标准。

1. 模拟 MS 程序ⅢD 的抗磨试验

美国国家标准局的 Richard S Gates 和 Stephen M Hsu 在这方面做了有益的探索。试验采用一台 Falex 6 型四球机，一台根据美国国家标准局要求制造的四球机。Falex6 型机为杠杆加载，负荷范围 2225N，采用加温油盒。后者为气动加载，因而摩擦阻力小，负荷精度高，负荷范围 2940N，转速范围 0～10000r/min。2 种四球机均有自动停机安全保护装置。试验用钢球材料为 52100 钢，直径 12.7mm。首先依次用已烷、溶剂汽油、丙酮对钢球进行超声清洗，然后将其浸泡在已烷中，试验前取出四颗钢球再依次用已烷和丙酮进行超声清洗后，用干净的不起毛的织物擦净，最后用氮气吹干。

研究选用了 6 种ⅢD 参考油，根据参考油性能将其分为低磨损和高磨损两种类型，见表 3-4。

表 3-4 ⅢD 试验参考油发动机磨损数据

参考油	黏度等级	凸轮和挺杆平均磨损值/μm	标准偏差/μm	试验次数
REO76A	10W/40	48	23	17
REO75B	10W/30	46	25	10
REO79A	10W/30	48	15	7
REO77B	10W/40	287	188	22
REO77C	30	277	130	22
REO72A-1	30	256	185	7

试验证明在下列条件下得到的磨痕直径的大小与ⅢD 试验结果正向相关，见表 3-5 和表 3-6。

表 3-5 模拟ⅢD 的试验条件

转速	200r/min	油温	75℃
负荷	892N	时间	60min

表 3-6 模拟ⅢD 条件下参考油的试验结果

参考油	磨痕直径/mm		ⅢD 试验结果
REO76A	0.49	0.52	好
REO75B	0.50	0.51	好
REO79A	0.50	0.50	好
REO77B	0.55	0.55	差
REO77C	卡咬	卡咬	差
REO72A-1	卡咬	卡咬	差

为了验证上述结论的正确性，笔者选用了四种油样进行了试验，试验结果见表 3-7。由此可见，验证试验结果与上述结论一致。

表 3-7 验证试验结果

油样名称	5W/50SH	15W/40SE(公司 1)	15W/40SE(公司 2)	40SE/CC
磨损直径/mm	0.388	0.465	0.467	0.529

评定内燃机油抗磨性的试验条件必须限定在边界润滑状态，才能得到与实际运行情况一致的试验结果。

在转速 200r/min、负荷 892N、油温 75℃、时间 60min 条件下得到的四球磨痕直径可以作为预测油品能否通过ⅢD 试验抗磨要求的依据，其通过与否的界限初步确定为磨痕直径 0.55mm。

2. 模拟 MS 程序ⅢE 的抗磨试验

颉敏杰等通过实验证明了标准四球试验方法测定的磨斑直径和最大无卡咬负荷 P_B不能有效地区分ⅢE 台架试验通过油和失败油的抗磨损性能，在此基础上又考察了逐级加载试验、微量磨损试验等方法。

（1）微量逐级加载试验

选用两种ⅢE 台架试验通过油 Q-04 和 Q-05 及两种ⅢD 台架试验失败油 Q-19 和 Q-21，进行微量逐级加载试验(用微量注射器分别在钢球的接触点上注入微量试验油，并通入一定量的气体)，具体试验条件是：试验转速为 600r/min，空气流量为 500L/min，注油量为 18μL，试验时间为 30s，分别用 88.2N 和 147N 试验负荷增量进行试验。

当试验负荷增量为 88.2N 时，Q-21 油的卡咬负荷最大，结果为 1577.8N，而ⅢE 台架试验通过油 Q-04 和 Q-05 的卡咬负荷反而小，因此该试验条件对ⅢE 台架试验通过油和ⅢD 台架试验失败油没有区分性。

当试验负荷增量为 147N 时，Q-21 油卡咬负荷也是最大，结果为 1617N，ⅢE 台架试验通过油 Q-05 的卡咬负荷为 1470N，该试验条件对ⅢE 台架试验通过油和ⅢD 台架试验失败油也没有区分性。因此，微量逐级加载试验不能区分ⅢE 台架试验通过油和ⅢD 台架试验失败油的抗磨损性能。

（2）微量磨损试验

通过对通入的气体量、试验负荷等的考察，提出了用于高档汽油机油抗磨损性能试验方法的试验条件，控制参数详见表 3-8。

表 3-8　高档汽油机油抗磨损性能试验条件

负荷/N	转速/(r/min)	试油量/μL	空气通入量/(mL/min)	试验温度/℃
$T+50$	n	m	$5K$	室温

验证实验证明，该方法对ⅢE、ⅢD 台架试验通过油和失败油、加入不同剂量的试验油、不同质量级别的试验油具有较好的重复性、区分性和对应性，并且在高档内燃机油 5W-30SJ 和 10W-40CH-4 研究与开发中得到应用。

采用微量试油和通空气的目的是为了模拟发动机试验中既有氧化又有磨损的特征。内燃机油中大多都添加二烷基二硫代磷酸锌(ZDDP)，ZDDP 具有抗氧、抗腐、抗磨作用，是一种多效添加剂。其抗氧机理是先于基础油与自由基发生反应，通过消耗自身保护基础油不被氧化。其抗磨机理是 ZDDP 受热分解，分解产物首先形成化学吸附膜，高温聚合状分解物又形成反应膜，具有减少磨损的效果。ZDDP 的抗氧、抗腐、抗磨性能与其添加量有关，在一定量的范围内，加量越多其效果越好，在发动机试验过程中必然会引起 ZDDP 浓度降低，而采用微量试油和通空气的四球试验就是为了加速油品本身的氧化以及 ZDDP 的消耗。

四、含烟炱柴油机油的抗磨损性能评定

1. 概述

发动机新技术，例如废气再循环(EGR)、延迟喷射等的采用，使柴油机的排放质量大大改善，显著降低了微粒(PM)和氮氧化物(NO_x)的排量。但这些新技术的采用，却使润滑油中的烟炱含量大大增加。柴油机油中烟炱含量的增加易造成发动机滤网堵塞而影响供油，使油品黏度增大而流动性变差，同时会使发动机缸套-活塞环部分和进排气阀系部分的磨损加剧。因此，新技术的采用，要求发动机油具有更优越的烟炱分散性能和抗磨损性能。

烟炱是由多种物质组成的混合物，其主要成分为石墨化炭黑，它在润滑油中以固体不溶物的形式存在。烟炱的生成与空气温度、空气中氧浓度、燃料的种类及其在燃烧过程中与空气的配比情况有关。一般而言，空气的预热温度越高，空气中氧的含量越低，燃料与空气混合越不均匀，燃料就越容易发生裂解，生成的烟炱就越多。不同的燃料，烟炱的生成趋势也不同。

润滑油中烟炱对柴油机磨损的影响，主要表现在缸套-活塞环部分和进排气阀系部分，研究表明，柴油机的烟炱磨损主要表现为磨粒磨损。

被收集在发动机润滑油中的烟炱的初始大小大约为 30~60nm，在 5%的浓度情况下，每毫升油中烟炱微粒的数量约为 10^{15}个，这么大数量的烟炱微粒在其内部部分极性分子的吸引和冲撞运动的作用下，会形成网状结构或凝结成块，而烟炱只要能均匀分散在油中，这些小于 1μm 的小颗粒会很容易通过过滤器，不会产生润滑问题。因此要求油品要有良好的分散性能，能更好地抑制烟炱的聚集、阻止油泥产生，从而控制油品的黏度，以免发动机在低温下供油不足产生故障。

新一代柴油机油必须有良好的烟炱分散能力和黏度控制能力，以有效分散烟炱，这是柴油机油配方中含有比汽油机油多得多的分散剂的原因。油品的分散性越好，其黏度就能更好地持久保持，因而能适应更长换油期的要求。柴油机油分散性能的好坏，其中之一就是看其新油以及在使用一段时间后油品分散高含量的烟炱、控制油品黏度的能力。

2. 含烟炱柴油机油的抗磨损性能评定

MACK T-8E 发动机台架实验(ASTM D3945)主要用于测定一定烟炱含量条件下发动机油的分散性能及对烟炱造成的过分黏度增长、过滤器阻塞的控制能力。这个台架实验经证明与实际的行车实验有极好的相关性。

柴油发动机油一般都会在运行几个小时内就开始变黑，主要就是机油吸收了

燃烧产生的烟炱。油品变黑不能说明油品不好或者不能使用了，恰恰相反，如果机油使用一段时间后不变黑则表示其分散性存在问题。

发动机油对因烟炱引起的活塞环、汽缸衬里、轴承磨损的保护能力可用 MACK T-9 发动机台架实验来评定。同时，该实验也用于评价因废气循环的酸性增加引起的铅腐蚀。这个台架实验经证明也与实际的行车实验有极好的相关性。

中国石油兰州润滑油研究开发中心的赵正华等通过实验证明，SH/T0189 方法不能区分在含烟炱的情况下不同性能的柴油机油的抗磨性，而 SRV 缸套磨损试验更适用于评价柴油机油的抗烟炱磨损性能。SRV 缸套磨损试验是通过固定的试验条件，在油样中加入 3%的炭黑(烟炱模拟物)作为试验油，以实际发动机上截取的缸套和活塞环作为试验件，在 SRV 试验机上进行试验，可用于评定油品的平均摩擦因数、缸套失重、活塞环失重、磨损深度等。

中国石油兰州润滑油研究开发中心的雷爱莲采用炭黑作为烟炱模拟物，利用四球磨损试验机为平台，研究建立了模拟试验方法，考察了含烟炱柴油机油的抗磨损性能。结果表明：方法能够有效区分含烟炱柴油机油的抗磨损性能，对不同类型分散剂和黏度指数改进剂在含烟炱柴油机油中的抗磨损性能具有较好的区分性，试验方法有较好的重复性。其试验条件不同于 SH/T0189 方法，控制的试验参数为转速、负荷、时间、油温，具体数值保密。

第四节　四球机用于评定润滑油性能对接触疲劳的影响

点蚀和剥落是齿轮和轴承的主要疲劳失效形式之一，而目前国内研究的重点是轴承的性能，关于润滑油性能对接触疲劳的影响却鲜有报道，其主要原因是缺乏简单实用的评定手段。因为标准的全尺寸疲劳试验机能耗多、噪声大、接触应力小、试验周期长，很难用于润滑油对接触疲劳影响的考察。20 世纪 50 年代末 Barwell 和 Scott 提出了用改装的四球机评定接触疲劳的试验方法，90 年代陈铭和笔者在 Barwell 的基础上对试件又作了一些改进，以适应我国的四球机要求。

一、试验方法

1. Barwell 方法简介

采用的仪器是由四球机改装的试验机，试件是由四个直径为 13.5mm、材料为 SAE51100 钢的钢球，以及装钢球的带有球面滚道的座圈组成。顶球用一个夹头固定，通过电机带动使之旋转。支持下面 3 个钢球的座圈通过液压系统控制其升降并调节试验负荷，使顶球进入下面 3 个球所形成的三角区且紧紧接触，这样，下面的 3 个球就由顶球带动在滚道内滚动，从而模拟了轴承既有滑动又有滚动的工作状态。通过加热器控制油温，通过检测油盒的振动来指示是否发生点蚀，并能在出现点蚀时自动停机。

试验过程中顶球上形成一个因磨损产生的圆环，随着试验的进行，圆环上出现疲劳点蚀，从而引起设备振动和产生噪声，通过微动开关控制电机自动停止转动。

2. *改进的试验方法*

由于球面滚道的加工难度很大，笔者用轴承钢垫片代替球面滚道，通过适当厚度和锥度的压环将下面三个钢球限制在油盒中，上钢球仍用夹头固定并由电机带动旋转，以出现振动和产生噪声的现象作为判断疲劳的依据。

在 150SN 基础油中分别添加 T202、T301、T305、T306、T321、T405 等油性极压剂配制成试验油样，添加剂的选择主要考虑到 T301、T321、T306 为分别只含 Cl、S、P 的极压剂，而 T202 则同时含 S 和 P，T405 虽然只含 S，但 T405 为油性剂，即 T405 中的 S 的活性比 T321 中 S 的活性低，这样有利于试验结果的分析。进行试验时，以出现疲劳的时间作为试验结果，对测定的试验结果用 Weibull 分布进行处理。Weibul1 分布是寿命试验和可靠性理论的基础，它是瑞典科学家 Waloddi Weibull 于 1939 年首先提出的，滚珠轴承等机械元件的疲劳寿命服从 Weibul1 分布，处理结果见表 3-9。

表 3-9　不同性能的油品的疲劳寿命(负荷 6000N，转速 1500r/min)

单位：min

油品	特征寿命	中位寿命	90%可靠度寿命	最高可靠度寿命
150SN+1%T202	38.4	38.2	37.3	36.5
150SN+2.5%T321	14.1	13.9	13	12.4
150SN+3%T301	32.2	32	30.6	29.6
150SN+0.5%T305	32.2	31.8	30.4	29.1
150SN+1.5%T306	29.5	29.4	28.8	28.1
150SN+2.5%T405	30	29.6	28	26.5
150SN+1.2%T306+2.5%T321	25	24.8	24	23.3

二、对试验结果的分析

实验所用的添加剂中有含硫的、含磷的、含氯的极压抗磨添加剂以及含有硫和磷混合的具有极压抗磨性能的添加剂。针对不同添加剂所得的试验结果进行比较，首先从纵向比较含硫的添加剂，即 T202、T321、T305、T405，从表 3-9 中可见，不同种类的含硫添加剂的疲劳寿命却不一致。加有 T202 的油品性能最好，加有 T321 的油品性能最差。从它们含硫的角度来分析，T321 的硫含量最高，质量指标为 24%~26%，由于含硫量多，因此它的极压性能很好，但是抗磨性却很差，在使用中，由于高温使硫析出，单独的硫在高温下对金属表面产生腐蚀，加速了疲劳点蚀的出现。T202 之所以性能最好，是由于它本身就是抗氧抗腐剂，对硫产生的腐蚀具有抵抗作用。另外，它含有两种具有极压抗磨作用的元素硫和磷，磷具有良好的抗磨性能，与具有极压作用的元素硫复合，性能大大提高。这是导致 T202 性能最好的原因(抗金属疲劳性)。

再从横向比较含磷、硫、氯的极压抗磨添加剂对金属疲劳寿命的影响，即 T301、T306、T321。先比较一下它们的极压抗磨性，经过试验测得了它们的最大无卡咬负荷 P_B、烧结负荷 P_D 和综合磨损值 ZMZ 以及磨斑直径 D_{30min}^{800N}(负荷为 800N，试验时间为 30min，转速为 300r/min)和 D_{30min}^{392N}(负荷为 392N，试验时间为 30min，转速为 1450r/min)。具体数据见表 3-10。

表 3-10 T301、T306、T321 的试验数据

指　标	3%T301	0.5%T306	1.5%T321
P_B/N	530	618	745
P_D/级	17	15	18
ZMZ/N	439	256	528
D_{30min}^{800N}/mm	0.39	0.51	0.54
D_{30min}^{392N}/mm	0.41	0.70	0.71

从表 3-10 中 P_B、P_D 与 ZMZ 的数值来看，T321 的极压性最好，T301 次之，T306 相对最差。从表 3-9 中的数据处理结果来看，T301 抗疲劳性能相对好一些，而 T321 的性能最差，因此，从 P_B、P_D 与 ZMZ 的角度来找油品抗疲劳性的规律似乎不太明显。从磨斑直径的角度看，T301 的抗磨性最好，其次为 T306，最差的为 T321，这与疲劳试验所测得的结果有很好的关联性，磨斑直径越小，即抗磨性能越好，则油品抗疲劳性能越好。

另外，再比较一下含有硫和磷混合的添加剂对金属疲劳寿命的影响情况。在油品中加入 T306 和 T321 混合的添加剂，对金属的疲劳寿命有所改善(在基础油之上)。根据硫磷的作用机理，它们混合的添加剂应该比单独作用要强，但是从 T306 与 T321 的试验结果来看，没有单独使用 T306 好，主要是因为 T321 中的硫含量大，活性强，腐蚀作用显著，影响了 T306 的性能，但它们混合后比单独使用 T321 的油在性能上要好得多。

由此可得出如下结论：通过对四球机进行适当改进，在特定的负荷、转速等试验条件下评定油品抗轴承疲劳性能是可行的，具有快速、简单以及费用低、容易推广等优点；油品抗轴承疲劳性能与最大无卡咬负荷 P_B、烧结负荷 P_D 以及综合磨损值 *ZMZ* 没有相关性；油品抗轴承疲劳性能与磨斑直径有密切的联系，随着磨斑直径的减小，油品抗轴承疲劳性能就越好。

德国大众汽车公司依四球机为实验平台，制订了《滑动和滚动摩擦组件的点蚀性能测定(点蚀测试)》标准方法 VW PV 1444。

第五节　用改装四球机评定油品剪切安定性

用改进的四球机评定多级油的剪切安定性的方法最早由奥迪公司所属的美国国民车分公司(VW-Audi)开发，称为锥型滚柱轴承试验法。实验证明，该方法的剪切速率高、试验费用低、试油用量少、操作简单。

我国 NB/SH/T 0845—2010 标准是修改采用欧洲协调委员会 CEC L-45-99(2008)《传动润滑剂黏度剪切安定性的测定》标准制定的。

一、方法概要

以带恒温控制的标准四球极压试验机为试验平台，将试验钢球换成圆锥滚子轴承，油盒、夹头等部件换成专用试验头，通过加热或冷却液在试验头内的循环来控制试油温度，剪切作用发生在滚子与轴承内、外圈间，形成类似齿轮剪切的条件，以试油试验前、后运动黏度的下降率表示其黏度剪切安定性。本方法适用于各类传动润滑剂。

二、设备与材料

① 四球极压试验机。具有恒温控制及自动记录主轴转数功能。

② 试件。SKF32008XQ 型圆锥滚子轴承。

③ 参考油。

(a) CEC RL181。用于校机，也用作磨合油。

(b) CEC RL209。用于校机。

(c) CEC RL210。用于校机。

三、试验准备

1. 圆锥滚子轴承的磨合

新试验轴承必须首先进行磨合，以确定该轴承是否可用，具体磨合程序如下：

① 按标准用新参考油 RL181 进行试验，共运行 1740000r，如果电机转速为

1475r/min，其运行时间约为 19h40min。

② 按 GB/T265 方法测定 RL181 试验前、后的 100℃运动黏度，计算黏度下降百分率。

③ 如果黏度下降百分率为 10%～15%，则使用此轴承评定试样，一副轴承的累积使用时间不能大于 200h。

④ 如果黏度下降百分率<10%或>20%，则更换轴承。

⑤ 如果黏度下降百分率为 15%～20%，则更换轴承或者继续使用此轴承重新进行磨合，如符合③要求，则进行试样的评定，如不符合③要求，则考虑更换轴承。

2. 清洗与安装

① 用正庚烷清洗圆锥滚子轴承及安装头，然后吹干。

② 将轴承外圈装入清洗好的安装头上的适配器基座内，加入 40mL±0.5mL 的试油。

③ 将心轴装入圆锥滚子轴承的内圈，小心地将轴承内圈放入基座，然后安装并拧紧锁紧螺母。

④ 将准备好的滚子轴承适配器用主轴嵌入体安装在四球机上。

⑤ 施加 5000N 的负荷，连接温度传感器和温度控制装置。

四、试验过程

① 开机前先打开温控器，将试油预热到 50℃±1℃。

② 调整温控器，使油温达到 60℃±1℃，然后开机，按表 3-11 所规定的试验条件进行试验。

表 3-11　试验条件

电机转速/(r/min)	1475±25	试验载荷/N	5000±200
试油温度/℃	60±1	转数/试验周期	174000/约 19h40min
试油量/mL	40±0.5		

③ 停止试验，关闭温控器，卸下适配器，将试油倒入一个干净的容器中。

④ 按 GB/T 265 方法测定试验前、后试样的运动黏度，计算黏度下降百分率。

五、参考油校机

为了保证设备的性能正常，必须进行参考油校机试验。校机试验频次见表 3-12，每次出现意外测量结果时，都应进行校正。参考油的限值见表 3-13。

表 3-12　参考油校机试验频次

试验序号	RL181	RL209	RL210	试验序号	RL181	RL209	RL210
0		√		31	√		
10			√	40		√	
11	√			50			√
20		√		51		√	
30			√				

表 3-13　参考油通过/不通过限值

参　考　油	下限值/%	上限值/%
RL181	10	15
RL209	5.4	11.6
RL210	16.5	26.3

第六节　变速变负荷四球机试验

目前我国已建立的 5 个评定油品极压抗磨性的标准四球试验方法，即 GB/T3142、GB/T12583、SH/T0202、SH/T 0204、SH/T0189，上述方法都是在固定的转速和负荷条件下进行测试的，但实际摩擦副的工作条件如速度、载荷等往往是复杂多变的，因此这种固定转速、负荷的试验条件与实际的润滑油工作环境不符，不能客观真实地反映油品实际使用情况，于是变转速变负荷试验逐渐在四球试验机上得到应用。所谓变速变负荷试验是基于油品实际使用工况而设置动态变化的试验参数，以期在试验过程中能够比较客观真实地模拟实际工况，且缩短试验时间，提高试验评定效率。

一、连续加载擦伤试验法

美国奎克化学公司提出了一种连续加载的快速四球机试验方法，其试验条件为：主轴转速 500r/min、试样温度 50℃、起始负荷 200N、加载速度 20N/s、即以 20N/s 的增量连续加载，直至摩擦力突然增大，此时对应的负荷作为评价指标。

二、步进加载擦伤试验法

在本章第三节讨论了四球机在内燃机油抗磨性评定中的应用，其中介绍了美国国家标准局的 Richard S. Gates 和 Stephen M. Hsu 提出的模拟 MS 程序ⅢD 的抗磨性试验条件，同时 Richard S. Gates 等还提出了步进加载擦伤试验法模拟 MS 程序ⅢD 的试验方法，其试验条件见表 3-14，参考油的试验结果见表 3-15。

表 3-14　步进加载擦伤试验条件

主轴转速/(r/min)	试样温度/℃	起始负荷/N	加载速度/(N/5min)
200	75	88.2	88.2

表 3-15　对ⅢD 试验参考油的发动机步进加载擦伤试验结果

参考油	黏度等级	凸轮和挺杆平均磨损值/μm	平均擦伤负荷/N	试验次数
REO76A	10W/40	48	1960	2
REO75B	10W/30	46	2048	4
REO79A	10W/30	48	2136	3
REO77B	10W/40	287	1646	3
REO77C	30	277	1294	2
REO72A-1	30	256	1294	2

其试验过程为，首先将试样温度调整为 75℃，施加 88.2N 的负荷，调整主轴转速至 200r/min，运转 5min，然后在不停机的条件下增加 88.2N 的负荷后再运转 5min，后续过程依次类推，直至发生擦伤，以擦伤点的负荷作为评定指标。

由表 3-15 可见，按表 3-14 条件测定的 6 种参考油的步进加载擦伤试验结果与 MS 程序ⅢD 发动机试验结果相关。

三、变速变负荷试验评定润滑油的抗磨性

笔者与杜鹏飞博士研究生在济南舜茂试验仪器有限公司生产的 MRS-1J 型摩擦磨损试验机上进行了变速变负荷试验方法的探讨，目的是为了提高油品润滑性能的评定效率，适应油品快速检测的需求。在对润滑油抗磨损性能测定法 SH/T 0189 测试条件的分析研究及相关试验验证的基础上，设计了一种变速变负荷试验方法来评定润滑油的抗磨性能。

1. 试验机软件

为了更好地理解试验力-转速变化形式，以济南舜茂试验仪器有限公司生产的 MRS-1J 型摩擦磨损试验机为例说明如下：

打开程序控制设置菜单，弹出试验力-转速程序控制设置窗口如图 3-2 所示，即：0~3min：试验力呈线性由 200N 上升到 400N，转速由 0r/min 呈线性上升到 1000r/min；3~6min：试验力为 400N 并保持 3min，转速由 1000r/min 呈线

性下降到 0r/min；6min 时：试验力阶跃到 600N，转速为 0r/min；6~9min：试验力为 600N，持续 3min，转速由 0 呈线性上升到 500r/min；9min 时：试验力阶跃到 800N，转速为 500r/min；9~12min：试验力为 800N，持续 3min，转速为 500r/min，持续 3min；后续变化，可依次类推。负荷和转速随时间变化的工作流程见图 3-3。

试验力-转速程序控制设置

试验时间：20 分钟

编号	时刻(Min)	试验力值(N)	转速值(rmp)
0	0	200	0
1	3	400	1000
2	6	400	0
3	6	600	0
4	9	600	500
5	9	800	500
6	12	800	500
7	15	300	700
8	20	300	0
9			
10			
11			
12			
13			
14			
15			

时刻必须从0时刻开始装订，请确认参数装订正确

取消　　确定

图 3-2　试验力-转速程序控制设置窗口

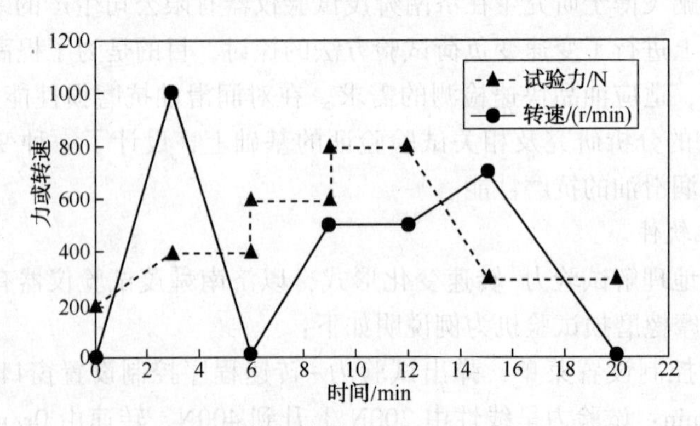

图 3-3　负荷和转速变化工作示意图

需指出的是，目前绝大多数四球机尚不具备任意设定和控制转速、负荷变化的功能。

笔者研究的评定润滑油的抗磨性能的变速变负荷测试方法分为 5 个阶段：0~10min阶段，负荷为 350N，转速为 1200r/min；10~12min 阶段负荷由 350N 匀速上升到 392N，转速由 1200r/min 上升到 1400r/min；12~25min 阶段，负荷 392N，转速 1400r/min；25~27min 阶段，负荷由 392N 匀速上升到 450N，转速由 1400 上升到 1600r/min；27~40min 阶段，负荷 450N，转速 1600r/min。转速 P 和负荷 V 的具体变化形式如图 3-4 所示。

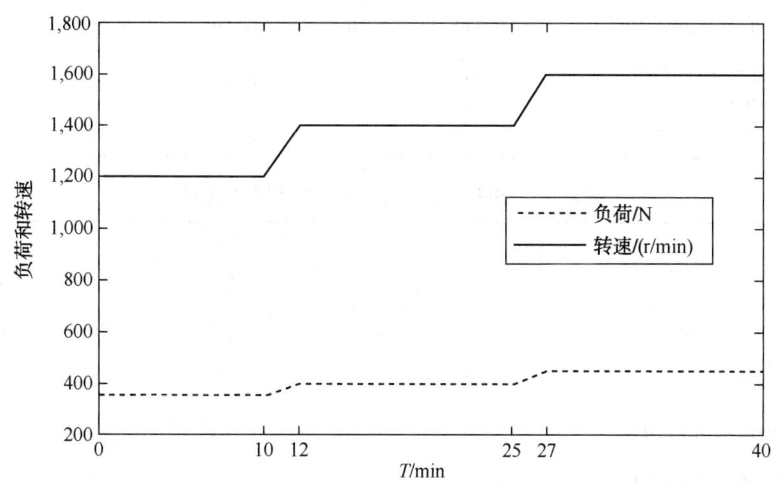

图 3-4　负荷和转速变化示意图

2. 试验结果与数据分析

利用该变速变负荷试验对 11 种油品(5 种调配油，6 种成品油)进行了抗磨性能测试，并与 SH/T 0189 试验方法进行了对比，测试结果如表 3-16 和表 3-17 所示。

表 3-16　变速变负荷试验条件下磨斑直径

油品种类	磨斑直径/mm				
	1	2	3	4	平均值
500N 基础油	0.724	0.718	0.693	0.701	0.709
500N+0.5%T202	0.612	0.597	0.628	0.583	0.605
500N+1.0%T202	0.578	0.594	0.570	0.562	0.576
500N+1.5%T202	0.539	0.550	0.530	0.521	0.535

续表

油品种类	磨斑直径/mm				
	1	2	3	4	平均值
500N+2.0%T202	0.515	0.530	0.539	0.524	0.528
Mobil CI-4 15W-40	0.456	0.473	0.484	0.498	0.478
蜀润 HM46	0.602	0.616	0.644	0.622	0.621
钏鹏 CI-4 20W/50	0.628	0.642	0.635	0.667	0.643
Shell HX5 10W-40	0.440	0.467	0.450	0.459	0.454
Castrol GTX API SL 10W-40	0.493	0.477	0.502	0.468	0.485
Citroen 5W-30	0.36	0.35	0.364	0.346	0.355

表 3-17　SH/T 0189 试验条件下磨斑直径

油品种类	磨斑直径/mm				
	1	2	3	4	平均值
500N 基础油	0.743	0.720	0.733	0.716	0.728
500N+0.5%T202	0.635	0.596	0.603	0.614	0.612
500N+1.0%T202	0.568	0.578	0.615	0.591	0.585
500N+1.5%T202	0.543	0.540	0.529	0.560	0.543
500N+2.0%T202	0.530	0.537	0.549	0.544	0.540
Mobil CI-4 15W-40	0.459	0.468	0.461	0.480	0.467
蜀润 HM46	0.617	0.605	0.594	0.633	0.612
钏鹏 CI-4 20W/50	0.642	0.675	0.659	0.664	0.651
Shell HX5 10W-40	0.477	0.448	0472	0.454	0.463
Castrol GTX API SL 10W-40	0.522	0.494	0.530	0.502	0.512
Citroen 5W-30	0.352	0.368	0.360	0.328	0.352

从表 3-16 和表 3-17 中可以看出，两种试验方法下油品磨斑直径基本相近，磨斑直径差值保持在 0.01mm 之内的油品有 7 种，两种试验方法下磨斑直径差值最小的为 Citroen，仅为 0.003mm，差值最大的为 Castrol，差值为 0.027mm。除了 mobil、蜀润和 Citroen 在试验方法下磨斑直径略大于 SH/T 0189 试验方法，其他油品在变速变负荷试验方法下的磨斑直径均略小于 SH/T 0189 试验方法下的磨斑直径。

同时对变速变负荷试验方法的重复性，区分性和相关性进行了考察。用方差来考察数据的重复性，11 种油品在变速试变负荷验下的数据进行误差和方差分析计算，结果如表 3-18 所示。

表 3-18　油品试验误差及方差分析

油品种类	最大试验差值	方　差
500N 基础油	0.031	0.000209
500N+0.5%T202	0.045	0.000375
500N+1.0%T202	0.032	0.000187
500N+1.5%T202	0.029	0.000154
500N+2.0%T202	0.024	0.000102
Mobil CI-4 15W-40	0.042	0.000315
蜀润 HM46	0.042	0.000305
钏鹏 CI-4 20W/50	0.039	0.000289
Shell HX5 10W-40	0.027	0.000135
Castrol GTX API SL 10W-40	0.034	0.000235
Citroen 5W-30	0.018	0.000071

可以看出 11 种油品的方差最大值为 0.000375，说明该试验方法有很好的重复性。上述油品在变速变负荷试验条件下各重复四次试验，每种油品在四次试验之间磨斑直径的最大试验差值为 0.045mm，最小试验差值为 0.018mm，均在 SH/T 0189 方法所规定的重复性误差范围(0.12mm)之内，并且 11 种油品的大部分试验差值都集中在较小的数值范围内，说明该试验方法具有很好的重复性。

变速变负荷试验方法下各个油品的测试是相互独立的，取显著性水平 $a=0.05$ 对变速变负荷试验方法的磨斑直径进行单因素方差分析。调配油和成品油磨斑直径的单因素方差分析分别见表 3-19 和表 3-20。

表 3-19　变速变负荷试验方法下调配油的单因素方差分析

差异源	*SS*	*df*	*MS*	*F*	*P*-value	*F* crit
组间	0.086301	4	0.021575	105.074	8.83E-11	3.055568
组内	0.00308	15	0.000205			
总计	0.089381	19				

表 3-20　变速变负荷试验方法下成品油的单因素方差分析

差异源	*SS*	*df*	*MS*	*F*	*P*-value	*F* crit
组间	0. 234952	5	0. 04699	208. 8077	2. 78E-15	2. 772853
组内	0. 004051	18	0. 000225			
总计	0. 239003	23				

从表 3-19 和表 3-20 可以看出，对于调配油，*F* 的临界值为 3. 055568，*F* 值为 105. 074 远远大于 *F* 临界值；对于成品油 *F* 值 208. 8077 远大于 *F* 的临界值 2. 772853，说明变速变负荷试验方法对于调配油和成品油都具有非常显著的区分性。调配油的 *P*-value 为 8. 83E-11 远远小于显著性水平 0. 05，成品油的 *P*-value 为 2. 78E-15 远远小于 0. 05，同样说明变速变负荷试验方法具有非常显著的区分能力，而这与 *F* 值检验是一致的。

11 种油品在变速变负荷试验和 SH/T 0189 试验方法下磨斑直径的对比图如图 3-5 所示。

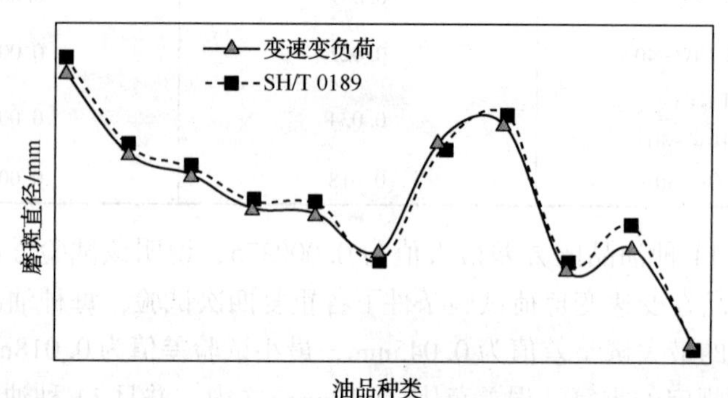

图 3-5　油品平均磨斑直径在两种试验方法下的对比图

从图 3-5 可以看出，同一种油品的磨斑直径在两种试验方法下呈现出较好的一致性，同时两种方法对 11 种油品磨斑直径的变化趋势也呈现出较好的一致性。为了进一步验证两种试验方法的相关性，并对磨斑直径的散点进行曲线估计，11 种油品磨斑直径的散点曲线估计在两种试验方法下呈线性相关，通过对其数据的分析计算，二者的线性关系式为：$y = 1.025x - 0.0007$，相关系数为 0. 988，说明变速变负荷试验方法与 SH/T 0189 方法具有非常好的相关性。

该变速变负荷方法能够缩短试验时间，提高试验效率，具有较好的重复性和区分性，且与 SH/T 0189 具有很好的相关性，可用于润滑油抗磨性测试。

四、变速变负荷试验评定内燃机油的抗磨性

通过对内燃机油实际工作环境和润滑状态的研究，以 Stribeck 曲线和椭圆接触理论为依据，提出一种变工况试验方法来评定内燃机油的抗磨性能。该变工况试验方法设定负荷 P 为 400N，转速 V 在 0 ~1200r/min 之间呈梯形变化，以期摩擦试验过程能够模拟发动机的边界润滑-流体动压润滑-边界润滑状态。

该变速变负荷试验方法设定负荷 P 为 400N，转速呈梯形变化，0 ~3min 转速由 0 呈线性均匀上升到 1200r/min，3 ~7min 转速为 1200r/min 持续 4min，7 ~ 10min，转速由 1200r/min 降到 0，此过程重复 4 次，试验时间为 40min。具体的负荷和转速变化如图 3-6 所示。

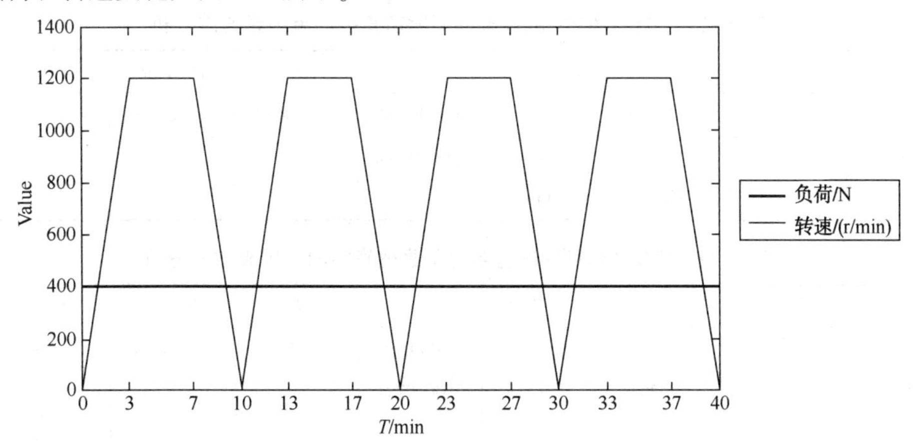

图 3-6　负荷和转速变化示意图

利用该方法对内燃机油的抗磨性进行了评定，并与 SH/T 0189 和模拟 MS 程序ⅢD 方法进行了比较，详见表 3-21。

表 3-21　油品在三种方法下的磨斑直径

油品种类	磨斑直径/mm		
	变速变负荷	SH/T 0189	MSⅢD
CD15W-40	0.459	0.487	0.484
CD15W-40+20%500SN	0.470	0.491	0.497
CD15W-40+50%500SN	0.500	0.535	0.508

油品平均磨斑直径在三种试验方法下比较接近，且对于内燃机油抗磨性能的变化趋势呈现出很好的一致性。

内燃机油系列油品在三种试验方法下磨斑直径的方差如表 3-22 所示。

表 3-22　内燃机油在三种试验方法下磨斑直径的方差

项目	SH/T 0189	模拟 MSⅢD	变工况
CD15W-40	0.0000257	0.000018	0.0000177
CD15W-40+20%500SN	0.000134	0.000035	0.0000289
CD15W-40+50%500SN	0.0000223	0.0000343	0.0000107

综合比较三类油品在三种试验方法下的方差，可以看出变工况试验方法相对于 SH/T 0189 和模拟 MSⅢD 具有更好的重复性。

取显著性水平 $a=0.05$ 对三种试验方法下的磨斑直径进行单因素方差分析，结果如表 3-23～表 3-25 所示。

表 3-23　SH/T 0189 试验条件下磨斑直径的单因素方差分析

差异源	*SS*	*df*	*MS*	*F*	*P*-value	*F* crit
组间	0.005736	2	0.002868	47.38458	0.0000167	4.256495
组内	0.000545	9	0.00000605			
总计	0.006281	11				

表 3-24　模拟 MSⅢD 试验条件下磨斑直径的单因素方差分析

差异源	*SS*	*df*	*MS*	*F*	*P*-value	*F* crit
组间	0.001129	2	0.000565	19.41261	0.000544	4.256495
组内	0.000262	9	0.0000291			
总计	0.001391	11				

表 3-25　变工况试验条件下磨斑直径的单因素方差分析

差异源	*SS*	*df*	*MS*	*F*	*P*-value	*F* crit
组间	0.003685	2	0.001843	96.55459	0.00000083	4.256495
组内	0.000172	9	0.0000191			
总计	0.003857	11				

从表中可以看出，3 种试验方法的 F 临界值同为 4.256495，3 种试验方法的 F 值分别为 47.38458、19.41261、96.55459，都大于 F 临界值。变工况试验方法的 F 值最大，其磨斑直径测量结果差异性最显著，即区分能力最好，SH/T 0189 试验方法次之，模拟 MSⅢD 试验方法的区分能力相对最差。SH/T 0189、模拟 MSⅢD、变工况试验方法下 P 值分别为：0.0000167、0.000544、0.00000083 均远小于显著性水平因素 $a=0.05$，说明 3 种试验方法对含有质量分数为 0%、20%、50%500SN 的内燃机油都有显著的区分性。变工况试验方法下 P 值最小，

SH/T 0189 次之、模拟 MSⅢD 试验方法的 P 值最大，可知变工况试验方法对内燃机油的抗磨性测试区分能力最好，SH/T 0189 试验方法次之，模拟 MSⅢD 试验方法的区分能力相对最差。这与通过 F 检验是完全一致的。

五、变速变负荷试验评定柴油的抗磨性

柴油喷嘴开闭过程和 HFRR 高频往复试验过程中，摩擦副的运动速度都是交替变化的，为了模拟这一过程，首先要求四球机必须具有配套的控制软件，以达到自由控制电机转速，模拟柴油喷嘴运动速度交替变化的工况。

由于 HFRR 方法得到了世界范围内公认，故以 HRFF 试验机的工作条件为参照，通过正交试验设计，确定了四球机的试验条件，见表 3-26。

表 3-26　四球机试验条件

试验时间/min	负荷/N	转速/(r/min)	油温/℃
36	245	1min 内由 100 线性上升至 520 再线性下降至 100，依次循环	60

在 HFRR 方法对试验重复性的要求是两次重复试验之差不应超过 0.063mm，于是将两次重复试验之差是否超过 0.063mm 作为重复性考察的标准。

为考察变转速方法的重复性，共进行两组试验，将柴油及加入 100mg/kg 油酸的柴油在该条件下分别进行 6 次重复试验，试验结果见表 3-27。

表 3-27　重复性考察

试验序号	0 号柴油磨斑直径/mm	0 号柴油添加 100mg/kg 油酸后磨斑直径/mm
1	0.48	0.41
2	0.43	0.40
3	0.47	0.40
4	0.43	0.41
5	0.45	0.40
6	0.45	0.40
平均	0.45	0.40
极差	0.05	0.01

用方差分析对以上试验结果进行分析，见表 3-28。

表 3-28　试验结果方差分析

差异源	*SS*	*df*	*MS*	*F*	*P*-value	*F* crit
组间	0.007008	1	0.007008	31.61654	0.000221	4.964603
组内	0.002217	10	0.000222			
总计	0.009225	11				

由表 3-27 可见，在选定的试验条件下，变转速的重复性符合 HFRR 的规定。由表 3-28 可见，$F=31.61654$ 大于 Fcrit（即 F 临界值）$=4.964603$，$P=0.000221$ 远小于 $\alpha=0.05$，证明 0 号柴油和添加 100mg/kg 油酸后的 0 号柴油在变转速试验条件下的结果有显著差异，即试验方法有良好的区分性。

为了进一步考察方法的区分性，在柴油中分别添加 50mg/kg、100mg/kg、200mg/kg、300mg/kg、400mg/kg、500mg/kg 油酸进行考察，对每个含量下的油样各做 3 次试验，取 3 次试验平均磨斑直径作为该含量下的结果，试验结果见表 3-29。

表 3-29　加入油酸考察区分性

油　样	50mg/kg 油酸	100mg/kg 油酸	200mg/kg 油酸	300mg/kg 油酸
第 1 次磨斑直径/mm	0.41	0.39	0.38	0.35
第 2 次磨斑直径/mm	0.40	0.40	0.37	0.34
第 3 次磨斑直径/mm	0.39	0.38	0.38	0.34
平均值/mm	0.40	0.39	0.37	0.34

用方差分析对以上试验结果进行分析，见表 3-30。

表 3-30　油酸试验结果方差分析

差异源	*SS*	*df*	*MS*	*F*	*P*-value	*F* crit
组间	0.005492	3	0.001831	27.45833	0.000146	4.066181
组内	0.000533	8	6.67E-05			
总计	0.006025	11				

由表 3-30 可见，$F=27.45833$ 大于 Fcrit（即 F 临界值）$=4.066181$，$P=0.000146$ 远小于 $\alpha=0.05$，证明添加不同比例的油酸后的 0 号柴油在变转速试验条件下的结果有显著差异，即试验方法能够区分添加剂含量对柴油抗磨性的影响。

为了验证变速四球机法与 HFRR 试验的相关性，在柴油中分别添加 50mg/kg、100mg/kg、500mg/kg、750mg/kg、1000mg/kg 油酸进行 HFRR 试验，结果见表 3-31。

表 3-31　HFRR 试验结果

油　　样	50mg/kg 油酸	100mg/kg 油酸	500mg/kg 油酸	750mg/kg 油酸	1000mg/kg 油酸
磨斑直径（*WS*1.4）/μm	216	217	197	200	207

由表 3-31 可见，HFRR 试验的磨斑直径与油酸添加量之间的对应关系是无序的，以磨斑直径变化率，即每毫克油酸导致的磨斑直径下降值作为比较依据，其最大值为 0.05（表 3-31 中 100mg/kg 与 500mg/kg 油酸间数据）。而变速四球机法的油酸添加量越大，对应的磨斑直径越小，对应关系明确，这种明确的对应关系才符合润滑理论。同时变速四球机法的磨斑直径变化率最小为 0.2（表 3-29 中 50 与 100mg/kg 油酸间数据），比 HFRR 试验的最大值 0.05μm 还大，由此进一步证明了变速四球机法有良好的区分性。

变速变负荷试验在四球机上的应用扩展了四球机的使用功能，更重要的是能够模拟油品的实际使用工况，比较客观真实地反映油品的实际使用性能。

第七节　四球机在油品研发中的应用

按照国家标准 GB/T498 的规定，润滑剂和有关产品属石油产品六大类中的 L 类，由于 L 类产品种类繁多，应用广泛，所以又根据其主要应用场合将 L 类产品分为 19 组，如 C 组为齿轮用油、E 组为内燃机用油、H 组为液压系统用油，每个组又单独制定一个分类标准，一个组的详细分类由产品的品种确定，但该品种必须符合该组所要求的主要应用场合，即主要应用场合不同，油品的性能要求不同，即使是同类性能，如润滑性，属于不同组的油品其性能也不完全相同，如液压油侧重于抗磨性，而齿轮油侧重于极压性，所以在油品研发过程中，不可能用某一特定指标衡量所有类型油品的性能，而必须根据油品的应用场合、摩擦副的润滑状态而区别对待。

一、正确认识四球试验结果

在四球试验中，除了已经标准化的 P_B、P_D、ZMZ、D_{60min}^{147N}、D_{60min}^{392N} 外，过去还有 D_{30min}^{147N}、$P_{d1.0}$（磨痕直径为 1.0mm 时对应的负荷）。这些指标虽然都是评定润滑剂极压抗磨性的，但有时相互矛盾，这就意味着对不同的润滑剂要着眼于不同的测试指标。润滑剂具有大的 P_B、P_D、ZMZ 及小的低负荷长时间磨损值是最好不过的，但是实际上几乎没有这种完美无缺的润滑剂。现已实例说明如下：

例 1　把油酸三乙醇胺按 3%加入水中配成水基润滑剂 a，将磷酸三乙脂、油酸三乙醇胺各 3%加入水中配成水基润滑剂 b，试验结果为：$(P_B)_b>(P_B)_a$，但是

$(D_{10s}^{196N})_b > (D_{10s}^{196N})_a$，$(D_{10s}^{392N})_b > (D_{10s}^{392N})_a$，而$(D_{10s}^{470N})_b < (D_{10s}^{470N})_a$。这是因为单独添加油酸三乙醇胺时，在低负荷时油酸胺产生的吸附膜未破，磨损较小，但负荷大时油酸胺无极压作用，磨斑变大。而复合添加时，在低负荷条件下磷酸酯的化学磨损抵消了油酸胺的减摩效果，使 $D_b > D_a$，但在高负荷时油酸胺油膜破裂，而磷酸酯化学反应产生的极压膜发生作用，使磨斑大小发生了逆转，即 $D_b < D_a$。

例 2 把聚乙二醇(平均分子量 $\bar{M}=400$)与油酸酯化后，再进行硫化，用 3%的水溶液，在四球机上测定不同含量对产物润滑性的影响，见表 3-32。

表 3-32 不同含硫量对产物润滑性的影响

含硫/%	P_B/N	D_{30min}^{196N}/mm	D_{60min}^{392N}/mm	D_{60min}^{588N}/mm
4.5	803	0.62	0.89	1.56
6.6	980	0.74	0.86	1.40
7.0	1049	0.85	0.98	1.42

由表 3-32 可见，含硫量增加，化学活性增强，P_B增大。当 $P<P_B$时，低负荷长时间磨损值在负荷很小时(如 196N)含硫量越低，磨损越小，随着负荷加大(如 588N)，含硫量越低的反而磨损最大。

显然，油性剂或添加剂分子中的油性基团，可以降低低负荷长时间磨损值，而极压剂或添加剂中的极压基团，可以提高 P_B 值。当摩擦苛刻程度低时，宜用油性剂或者是在设计添加剂分子结构时增大分子中油性基团的比例、降低极压基团的比例，着眼指标不宜用 P_B 值，而宜用低负荷长时间磨损值来评价润滑剂。反之，摩擦苛刻程度大时，仅用油性剂，或者添加剂分子中油性基团的比例太大是不适宜的，将油性剂与极压剂复合添加或者加大添加剂分子中极压基团的比例、降低油性基团的比例为宜，着眼指标用 P_B更好，或者提高负荷测定长时磨损值来评价润滑剂。由于四球机实验方法本身的局限性，有时希望兼顾 P_B及低负荷长时间磨损值二个指标更为稳妥。ZMZ/LWI 是一个考查烧结负荷以下范围内负荷与磨痕直径关系的综合性指标，在某些工况下，采用 ZMZ/LWI 来评价更有相关性。

用于陶瓷、大理石之类的非金属材料的切削、磨削之润滑介质，采用四球机评价润滑性则根本没有相关性，因为实际工况的摩擦副材质与测试用摩擦副材料不同，所谓油膜，尤其是极压膜，因材质不同，是无法相关联的。

二、四球机与其他试验机的相关性

1. 四球机与法莱克斯试验结果的比较

试验证明，用标准试件和标准方法在四球机上和法莱克斯试验机上所得到的结果对油品的区分顺序不一致。但当用相同材质试件时，两种试验机对油品的区分顺序是一致的。菲利浦石油公司使用四球机和法莱克斯试验机对几种添加剂的抗磨作用进行了比较，其试验条件为：

四球机：油温 80℃，滑动速度 9.6cm/s，最初赫兹压力 3.4×10^{9}Pa，试验时间 3h。

Falex：油温 80℃，滑动速度 46cm/s，最初赫兹压力 6.7×10^{8}Pa，试验时间 3h。

四球机的试验结果以三个静止钢球的平均磨痕直径表示，Falex 以因磨损而产生的两 V 形块与轴间距离表示。Falex 试验用试件一为标准 Falex 轴和块，二为用与四球机钢球用材料(AISI52100)加工的轴和块，试验结果见表 3-33。由此可见试件材质对抗磨剂抗磨作用的影响要大于试验条件的影响，材质的不同可能是试验室试验结果与实际试验结果不重复的主要原因。

表 3-33　四球机与 Falex 试验机磨损试验结果

试油	Falex 试验/μm		四球试验/mm
	标准 Falex 试件	AISI-SAE52100 钢	AISI-SAE52100 钢
A	3.6	6.4	0.54
B	29.7	2.8	0.47
C	29.7	42.9	0.60

2. 最大无卡咬负荷 P_B 值与摩擦系数的关系

范垂凡等以“流体润滑剂摩擦系数测定法(MM-200 法)”精密度试验的 8 种油样的试验数据探讨了最大无卡咬负荷 P_B 值与摩擦系数的关系，摩擦系数按 SH/T0190 方法中的低速条件测定，最大无卡咬负荷 P_B 按 GB/T3142 方法测定，结果见表 3-34。

表 3-34　8 种油样的最大无卡咬负荷和摩擦系数

油样	油酸	季戊四醇油酸酯	32 号基础油+50%油酸	68 号液压油	Quake 公司冷轧油	32 号精密机床液压油	32 号基础油	氧化石蜡
P_B/N	598	645	510	470	696	431	392	921
摩擦系数	0.059	0.0632	0.0711	0.0783	0.0802	0.0811	0.0820	0.0888

对表 3-34 中数据进行回归分析，结果为：相关系数 $R^2=0.022$，$F=0.1393$，而相关的临界 F 值为 0.7217，$F<F_{临界}$，故两者完全不相关，即最大无卡咬负荷 P_B 值的大小并不能反映油品的减摩性能。

3. 四球机与环块试验机的相关性

环块试验机(又称为梯姆肯试验机)和四球机于1932年和1933年先后投入使用，关于它们的相关性已有许多人做过研究，主流观点认为两者相关性不显著。中国石化石油化工科学研究院的洪善真等通过实验和油膜厚度计算也得出了相同的结论，现介绍如下。

试验选用了包括硫磷型、硫铅型、硫磷氯锌型和其他类型共21个试样，按GB/T3142方法测定其 P_B、P_D、ZMZ，同时测定磨痕直径为1mm时对应的负荷 P_{d1} 及油温为50℃、负荷为441N、试验时间为30min条件下磨痕直径 D^{441N}_{30min}，按GB/T 11144方法测定其 OK 值，试验结果见表3-35。

表3-35　试样的四球机和梯姆肯试验结果

试样	OK 值/kg(lb)	P_B/kg	P_{d1}/kg	P_D/kg	ZMZ/kg	D^{441N}_{30min}/mm
1	6.80(15)	60	114	126	30.4	2.12
2	9.07(20)	63	71	160	25.0	2.26
3	9.07(20)	88	140	400	55.1	0.42
4	11.34(25)	80	90	315	37.4	0.40
5	13.61(30)	71	97	160	31.6	0.46
6	13.61(30)	71	85	160	30.0	0.39
7	13.61(30)	85	120	315	37.4	0.40
8	15.88(35)	123	135	620	81.9	0.47
9	18.14(40)	94	130	800	64.3	0.70
10	18.14(40)	100	135	800	68.3	0.69
11	18.14(40)	94	165	800	67.1	0.74
12	20.41(45)	160	204	620	86.7	0.73
13	22.68(50)	75	95	620	65.4	0.95
14	22.68(50)	80	112	500	56.3	0.57
15	22.68(50)	100	115	400	52.4	0.60
16	24.95(55)	95	98	400	42.0	0.38
17	27.22(60)	100	115	500	61.4	0.46
18	27.22(60)	105	120	400	54.7	0.37
19	29.48(65)	80	136	200	51.8	0.36
20	31.75(70)	80	94	500	49.9	0.40
21	31.75(70)	100	115	315	60.3	0.46

对表 3-35 中数据进行回归分析，分析结果汇总于表 3-36 中。

表 3-36　回归分析结果

回归结果	OK 值与 P_B 之间	OK 值与 P_{d1} 之间	OK 值与 P_D 之间	OK 值与 ZMZ 之间	OK 值与 D_{30min}^{441N} 之间
R^2	0.0922	0.0077	0.0563	0.1564	0.2421
F	1.9301	0.1479	1.1342	3.5219	6.0695
F 临界值	0.01808	0.7048	0.3002	0.076	0.0235

由此可见，四球试验 5 个指标中的任何一个指标与 OK 值之间都没有显著的相关性，相关性较好的是 OK 值与 D_{441N}^{30min} 之间，其次是 OK 值与 ZMZ 之间。于是对 ZMZ 和 D_{441N}^{30min} 进行二元线性回归和二元非线性回归，结果见表 3-37。

表 3-37　多元回归分析结果

回归结果	OK 值与 ZMZ、D_{441N}^{30min} 之间线性回归	OK 值与 ZMZ、ZMZ^2、D_{441N}^{30min}、$(D_{441N}^{30min})^2$、$ZMZ \times D_{441N}^{30min}$ 之间的非线性回归
R^2	0.3054	0.5174
F	3.9581	3.2167
F_α 临界值，即弃真概率	0.03761	0.03593
回归方程	$OK=37.83913+0.262074ZMZ-12.9355D$	$OK=11.8522+3.1255ZMZ-195.36D-0.02989ZMZ^2+59.2796D^2+1.4259ZMZ \times D$

由表 3-37 可见，多元回归的相关性有所提高，而且从纯理论上讲回归关系显著，但是从 R^2 和 F 值来分析，相关性是不理想的。

关于回归分析方法，不论是一元还是多元线性回归最简单方便的方法是用 Excell 进行处理。以表 3-35 中数据为例，以 OK 值为因变量，以 ZMZ 和磨痕直径 D 为自变量进行回归分析。打开 Excell 2003，在 A 列中输入 OK 值的数据，在 B 列、C 列中分别输入 ZMZ 和磨痕直径 D 的数据，点击工具菜单，在下拉列表中点击数据分析，在数据分析窗口中点击回归，在回归窗口中 Y 值输入区域输入因变量数据区域的引用，该区域必须由单列数据组成，本例即工作表中 A 列 OK 值数据，在回归窗口 X 值输入区域输入对自变量数据区域的引用，X 值输入区域必须是连续的，本例即工作表中 B 列、C 列中 ZMZ 和磨痕直径 D 的数据，值得注意的是，X 值和 Y 值的输入区域必须是列，不能是行，点击确定后即生成数据分析表，见表 3-38。

表 3-38　OK 值与 ZMZ 和 D 之间的 Excel 回归结果

SUMMARY OUTPUT								
回归统计								
Multiple R	0.552679							
R Square	0.305454							
Adjusted R Square	0.228282							
标准误差	14.67155							
观测值	21							
方差分析								
	df	*SS*	*MS*	*F*	Significance *F*			
回归分析	2	1703.995	851.9973	3.958097	0.037611			
残差	18	3874.577	215.2543					
总计	20	5578.571						
	Coefficients	标准误差	t Stat	*P*-value	Lower 95%	Upper 95%	下限 95.0%	上限 95.0%
Intercept	37.83913	13.34627	2.835183	0.010976	9.799649	65.87861	9.799649	65.87861
X Variable 1	0.262074	0.204539	1.281289	0.216354	-0.16765	0.691795	-0.16765	0.691795
X Variable 2	-12.9355	6.581062	-1.96557	0.06497	-26.7618	0.89076	-26.7618	0.89076

Excel 不能直接用于多元非线性回归分析，对于多元非线性回归可用 Matlab 进行处理。以表 3-35 中数据为例，以 *OK* 值为因变量，以 *ZMZ*、ZMZ^2、D_{441N}^{30min}、$(D_{441N}^{30min})^2$、$ZMZ \times D_{441N}^{30min}$ 为自变量进行五元非线性回归。首先打开 Matlab，在 Command Window 窗口中输入以下语句：

ZMZ = [30.4; 25.0; 55.1; 37.4; 31.6; 30.0; 37.4; 81.9; 64.3; 68.3; 67.1; 86.7; 65.4; 56.3; 52.4; 42.0; 61.4; 54.7; 51.8; 49.9; 60.3];

D = [2.12; 2.26; 0.42; 0.40; 0.46; 0.39; 0.40; 0.47; 0.70; 0.69; 0.74; 0.73; 0.95; 0.57; 0.60; 0.38; 0.46; 0.37; 0.36; 0.40; 0.46];

OK = [15; 20; 20; 25; 30; 30; 30; 35; 40; 40; 40; 45; 50; 50; 50; 55; 60; 60; 65; 70; 70];

X = [*ones*(*size*(*OK*)), *ZMZ*.^2, *D*.^2, *ZMZ*. * *D*, *ZMZ*, *D*];

[*b*，*bint*，*r*，*rint*，*stats*] = *regress*(*OK*，*X*)，

对各语句说明如下：*ZMZ*、*D*、*OK* 分别是这三个指标的测定值，但以数组形式输入，输入规则如下：

① 整个输入数组必须以方括号“[ ]”为其首尾；

② 数组的行与行之间必须用分号“;”或回车键隔离；

③ 数组元素必须由逗号“,”或空格分隔。

函数 ones 产生全 1 的数组，数组的元素个数与 *OK* 数组相同(通过函数 size(*OK*)实现)，*ZMZ*.^2 表示 *ZMZ* 的平方生成的数组，*D*.^2 为磨痕直径的平方生成的数组，*ZMZ*. * *D* 为 *ZMZ* 与对应的磨痕直径 *D* 相乘后生成的数组，注意数组“除、乘方、转置”运算符前的小黑点绝不能遗漏，否则不按数组运算规律进行。数组运算规律举例如下：A.^*n* 表示 *A* 的每个元素自乘 *n* 次，*A*. * *B* 表示 *A* 与 *B* 对应的元素相乘。*X* 语句生成的是列数为 6、行数等于 *OK* 值个数的二维数组。

Regress 是回归函数，*b* 为回归系数，*bint* 为 *b* 的区间估计，*r* 为残差，*rint* 为 *r* 的区间估计，*stats* 是表征回归效果的参数，包括相关系数，*F* 值等。回车后的运行结果如下

```
>> b =
        11.8522841246207
        -0.0298888013030074
        59.2795979527556
        1.42588252482115
        3.12545803622941
        -195.360012141083
bint =
        -124.911032233476        148.615600482717
        -0.0560535313934978      -0.00372407121251699
        -54.2489704584964        172.808166364008
        -2.55563612358451        5.40740117322681
        0.38052168290694         5.87039438955187
        -592.975463358168        202.255439076002
r=
        -8.40245007324967
        6.86655606698184
        -34.7258116459397
        -14.6090883563379
```

5. 824417636956
1. 77504830720456
-9. 60908835633792
-8. 50702829313882
-5. 71825269519249
-6. 51527164390893
-5. 69475022293722
7. 61851599636483
5. 08403880167617
3. 25993247932479
7. 48679528398483
7. 52206942533739
5. 9735944382261
1. 9245358969594
7. 5049279602256
16. 8094279885956
16. 1318810052043

rint =

-28. 6822244172224	11. 877324270723
-9. 74136899763742	23. 4744811316011
-54. 0752315979496	-15. 3763916939299
-40. 5514973204312	11. 3333206077554
-16. 2240431564831	27. 8728784303951
-21. 769107158695	25. 3192037731041
-36. 2980981170221	17. 0799214043463
-26. 8992755716799	9. 88521898540223
-32. 5270598605559	21. 090554470171
-33. 843396452291	20. 8128531644731
-32. 5765233377556	21. 1870228918812
-8. 07702046568691	23. 3140524584166
-16. 3784225944831	26. 5465001978354
-23. 619999168917	30. 1398641275666
-17. 3004074308835	32. 2739979988531
-19. 3235567644401	34. 3676956151148

-21.4539469772659　　33.4011358537181
-24.3186995034306　　28.1677712973494
-18.0868332699567　　33.0966891904079
-9.11555381769599　　42.7344097948871
-10.0204260691012　　42.2841880795099

stats =

0.517426557793951　3.21667032956833　0.0359323284961657

根据 b 值可得到回归方程，注意 b 值中第一个结果是常数项，后面的结果与 X 语句中的数组变量一一对应，如本例中 $b=-0.0298888013030074$ 对应的是 ZMZ 的平方项。

$$OK=11.8522+3.1255ZMZ-195.36D-0.02989ZMZ^2+59.2796D^2+1.4259ZMZ\times D$$

根据 *stats* 可知，$R^2=0.5174$，$F=3.2166$，显著性水平下的 F_α 临界值 $=0.03593$。

为了从理论上解释梯姆肯试验和四球机试验结果不相关的实验结论，洪善真以弹性流体润滑理论为指导，以320号齿轮油为例计算其在梯姆肯试验和四球机试验中的膜厚比 λ，分别见表3-39和表3-40。

表3-39　梯姆肯试验的 λ 值

负荷/N	0	22.2	44.4	66
膜厚比 λ	7.02	2.12	1.74	1.38

表3-40　四球机试验的 λ 值

负荷/N	58	196	392	588	686
膜厚比 λ	0.934	0.855	0.812	0.788	0.151

洪善真的试验结论是：

① 对梯姆肯试验来说，负荷为0时，$\lambda=7.02>3$，可把此时的试验看成是流体润滑，事实上试验结果也是在试块表面基本上看不见磨痕，这也是流体润滑的证据；当负荷为22.2N和44.4N时，$1<\lambda<3$，此时属混合润滑状态，试块表面可以看到有明显的磨损，当负荷升到66N时，λ 值降到1.38，试块磨损进一步发展但还没有擦伤现象。

② 四球机试验其 λ 值都小于1，说明是处于边界润滑状态，实际上，即使负荷小到58N，常常在钢球上也可以看到明显的磨损痕迹。

③ 梯姆肯的 *OK* 值是试验由混合润滑状态转入边界润滑状态的表现，因此如果能保持住混合润滑状态，就有可能提高 *OK* 值，实验证明某些能降低摩擦的化

合物如单酯、苯三唑-12 胺和环烷酸铅等对提高 OK 值都具有一定的增益效果，其原因可能就是有助于稳定混合润滑状态。

④ 对四球机来说，由于处于边界润滑，特别是 P_B 点以上是处于极压状态下的边界润滑，因此对活性较强的含硫或氯的化合物特别敏感，如硫化烯烃和氯化石蜡对提高 P_D 和 ZMZ 都显示了很好的效果。

梯姆肯和四球机试验的润滑状态是十分不同的，因此它们之间缺少相关性是自然的。但必须指出，润滑方式、操作条件、结果判断等方面的差别也是不可忽视的。

4. 液压油抗磨性与四球机试验指标的关系

关子杰等考察了液压油四球试验结果与液压泵台架试验结果的关系，实验证明两者的相关性很差，见表 3-41。如 1 号油的 3 个四球机试验结果最差，但油泵磨损却很小；又如 5 号油，P_B 值最大，油泵试验却进行不下去；HL 油的四球机试验结果中等，但油泵试验磨损特别大，由于 HL 液压油不加任何抗磨添加剂，油泵试验通不过倒是合理的。

表 3-41　抗磨液压油的四球机试验和油泵试验结果比较

试油编号	P_B/N	P_D/N	ZMZ/N	维克斯泵失重①/mg
1	490	1569	210.6	5.4
2	618	1961	318.8	3.3
3	618	1569	279.2	28.3
4	834	1569	333.5	33.0
5	892	—	—	磨损太大，无法完成实验
6	697	—	—	21.0
HL	598	1961	—	250.0

① 合格指标：失重不大于 50mg。

三、四球机在油品配方研究中的应用

油品配方研究就是根据油品的应用场合和用油装置的特点，在对基础油、单一添加剂性能考察的基础上，确定基础油与每种添加剂的相对比例，然后综合评定复合配方的理化性能和使用性能，使油品配方既满足使用要求，又具有良好的经济性。

基础油的性能是决定成品油性能的前提，首先要明确的是选用何种类型的基础油，在基础油确定后，添加剂品种的选择和复配规律的研究是油品配方研究的关键。目前对添加剂复配规律的掌握只处于实践经验的积累阶段，还没有一套成熟的理论可以指导具体的配方研究，所以，油品配方研究的过程就是实验—改进配方—再实验—再改进配方的反复实验与不断改进油品性能的过程，可以说没有实验就谈不上油品研究。

在配方筛选和工艺参数的优化等实验中，目前应用较广泛的是正交试验法和均匀设计法。与全面试验相比，正交试验可以显著减少试验工作量，正交法所选取的试验点，在整个试验范围内具有"均匀分散，整齐可比"的特点，数据分析比较简单而且直观。但是，正交试验的均匀性受到一定的限制，试验点的代表性不够强。而均匀试验设计则完全从均匀性出发，不考虑整齐可比性的要求，让试验点在试验范围内充分地均匀分散，既可以减少试验点，又能得到满足试验要求的结果。

均匀设计是我国数学家方开泰教授根据"数论方法"提出的一种试验设计方法，它的基本出发点是让试验点在整个试验范围内更加充分地"均匀分散"，从而具有更好的代表性。例如对于4因素5水平的试验来说，在正交试验设计中取5个水平，每个水平重复5次，试验最少做25次。若采用均匀设计，每个水平只做1次，如果也做25次试验，则在试验范围内，将每个因素分成了25个水平，则试验点分布得更均匀。可见，均匀试验设计试验点的代表性较正交试验设计强得多。相对于全面试验和正交试验设计，均匀设计最主要的优点是能大幅度地减少试验次数，缩短试验周期，从而节约大量的人工和费用。因此，对于试验因素较多而又希望试验次数少的试验，对于筛选因素或收缩试验范围进行逐步择优等场合，均匀试验设计是非常有效的方法。

由于均匀设计不具有正交性，试验数据的处理比较复杂，对结果的计算分析通常运用回归分析方法，一般采用线性回归或逐步回归方法，比较方便的方法是采用已商业化的均匀设计软件包。

1. 选用合理的四球机试验指标

已经标准化的6个四球试验标准方法涉及到了最大无卡咬负荷P_B、烧结负荷P_D、综合磨损值*ZMZ*或综合磨损指数*LWI*、长时间抗磨试验的磨痕直径*D*、摩擦系数μ等，此外还有许多非标准化的试验方法，究竟选用那个或那几个评定指标是合理的呢？笼统的原则是根据油品的应用场合和用油装置的特点来确定，如齿轮油应侧重于极压性，故烧结负荷P_D、综合磨损值*ZMZ*或综合磨损指数*LWI*的评定是有意义的；又比如液压油应侧重于抗磨性，评定液压油如果选用烧结负荷P_D则是完全错误的。

现以P_B值与车辆齿轮油的承载能力为例进一步说明如下。

首先需要说明的是油品的承载能力和极压性是两个不同的概念。齿轮表面的损伤形式有胶合、擦伤、波纹、螺脊、点蚀、剥落、抛光、磨粒磨损、腐蚀性磨损等。齿轮油防止上述损伤出现的能力叫做承载能力。齿轮油的极压性是指在摩擦表面的高温下，极压剂与金属反应生成化学反应膜的能力。化学反应膜可以防止出现胶合、擦伤、波纹，螺脊，减轻点蚀、剥落和磨粒磨损，但是化学反应膜的临界剪切强度低于基体金属，在摩擦过程中，化学反应膜不断被磨损掉而成为磨屑，所以化学反应膜的生成和磨损是一种腐蚀性磨损。齿轮油的极压性强，表明油中的极压剂化学活性高，与金属的反应速度常数大，反应活化能低，在相同条件下，比极压性弱的齿轮油生成的化学反应膜厚。如果齿轮油的极压性太强，就会出现腐蚀性磨损，承载能力反而下降。综上所述，齿轮油的承载性和极压性不完全是一回事。因此，车辆齿轮油应具有适度的极压性，以为最大无卡咬负荷(P_B)和烧结负荷(P_D)越大越好，要求P_B必须大于980N，这种观点是错误的。况且不同类型的极压剂在四球机试验中的表现是不同的，例如，硫-磷-锌型油的P_B值就比硫-磷型油高，但不能就由此得出前者的承载能力比后者高的结论。实际上，硫-磷型复合剂的用量只有硫-磷-氯-锌型复合剂的一半，但承载能力相当甚至更好。长城润滑油公司的王国金、诸葛荣等详细考察了国内外车辆齿轮油的P_B，实验证明，对于中国市场上的知名品牌，半数左右的GL-5车辆齿轮油P_B值小于980N，说明P_B值本身不能代表承载能力。

当进行不同配方或不同油样的对比试验时，如果把所有的四球机试验指标都测定出来，会出现什么情况呢？有人可能认为自己做了一个全面评价，但实际上是干了一件费力不讨好的蠢事，因为我们会发现按不同指标进行排序时，不同指标的排序是不相同的，所以首先要清楚油品的应用背景，选择最能体现油品特性的指标。另外要防止以偏概全，例如只做了最大无卡咬负荷P_B就得出A油优于或劣于B油。

2. 如何看待四球机试验与其他试验的相关性

所谓相关性应从两个层面来讨论，一是不同试验机油品试验结果之间的关系，二是某种试验机测定的油品试验结果与油品实际应用性能之间的关系。

影响摩擦试验机试验结果的因素是多种多样的，例如摩擦副的几何形状、材质、表面形貌、运动方式、载荷、速度、温度、湿度、润滑方式、润滑剂性质等，甚至操作者的素质亦会对试验结果产生影响，例如梯姆肯试验机的摩擦副是环—块，润滑方式为循环润滑，与四球机相比，两者在摩擦副接触方式、滑动速度、润滑方式、单位负荷等方面有显著不同，在本章已专门讨论过，并以润滑理论为指导证明其间的润滑状态是十分不同的，因此它们之间缺少相关性是自然的。但是，仇延生等认为两种摩擦试验机的试验结果之间不存在精确的数学关系并不意味着两者就没有相关性，因为两种试验机也有某些相似之处，例如摩擦副的材质相近、运动方式皆为滑动摩擦，虽然理论上四球机的钢球之间是点接触，梯姆肯的试环与试块之间是线接触，实际上因为有磨损，两者皆为面接触。仇延生等用模糊数学的综合评判法研究了 S-P 型工业齿轮油四球机试验与梯姆肯试验之间的相关性，发现由综合磨损指数、烧结负荷和磨迹直径，用模糊数学综合评判法可预报 S-P 型工业齿轮油 *OK* 负荷的范围，注意此处的 *OK* 负荷的范围并不是指其具体数值，如 *OK* 值介于 156~242N，准确率为 87%。所以传统的考察不同方法之间相差性的方法有一定局限性，如通过回归分析，依据相关系数和 F 检验来判定是否相关，虽然在数学上是非常严密的，但也可能会造成误判。

关于某种试验机测定的结果与油品实际应用性能之间的关系则更为复杂，因为实际用油装置无论是摩擦副形状、材质、接触方式、运动方式、负荷、温度等因素本身就是千变万化的，更主要的是很多因素会随装置的使用工况而无规律的变化，如冲击负荷对磨损和擦伤有重要影响，但试验机的工作条件往往是相对稳定的。所以用试验机考察油品的实际使用性能肯定是有局限的，关键是选用何种方法和那个评定指标。

如用于陶瓷、大理石之类的非金属材料的切削、磨削之润滑介质，采用四球机评价润滑性则根本没有相关性，因为实际工况的摩擦副材质与测试用摩擦副材料不同，所谓油膜，尤其是极压膜，因材质不同，是无法相关联的。

对此，提出如下原则：

① 当用油摩擦副为非金属材料时，四球机试验毫无意义。

② 对于成品油的检验，优先选用产品标准中的指标，虽然有些产品标准不尽合理。

③ 研究开发新型添加剂和新油品时，首先要清楚其应用背景，没有用油对象的添加剂和复合配方的研究与筛选是没有意义的，只有把握了装置对油品的主要性能要求，才能有的放矢。

④ 对于非标准试验方法，可以作为评定油品性能的补充，但也应充分认识到其局限性，这类方法在特定的试验条件下对特定油品具有较理想的评定效果，如果无限延伸也可能与实际情况不相符合。

参 考 文 献

[1] 宋世远等．油料模拟台架试验(第二版)[M]．北京：中国石化出版社，2012：159-178

[2] 陈召宝．基于上下位微机结构的四球摩擦试验机测控系统的研究[D]．北京：北京交通大学．2004：1-20

[3] 韦淡平．四球机试验方法精密度试验报告[R]．北京：石油化工科学研究院，1980：1-20

[4] 中华人民共和国国家计量检定规程“JJG373-1997 四球摩擦试验机”

[5] 中华人民共和国机械行业标准“JB/T 9395-2004 四球摩擦试验机　技术条件”

[6] T. 曼格，W. 德雷泽尔．润滑剂与润滑[M]．赵旭涛 王建明，北京：化学工业出版社，2003：558-575

[7] 臧维满，顾新华，展凤彩等．DGN 四球润滑剂试验机的研制与应用[M]．济南：1995：48-53

[8] 招玉春．采用连续四球机试验评价水—乙二醇难燃液的抗磨性[J]．江苏理工大学学报：自然科学版，1999，20(6)：9-12

[9] 雷爱莲，王爱香．柴油发动机烟炱对润滑油添加剂成膜性能及磨损的影响[J]．汽车工艺与材料，2005，(8)：15-18

[10] 雷爱莲．柴油发动机烟炱引起的磨损性能评价及磨损机理[C]．中国汽车工程学会燃料与润滑油分会第十二届年会论文集：259-268

[11] 王国庆，杨建军，闾邱祁鸣．柴油润滑性能模拟评定方法研究[J]．石油商技，2003，21(2)：34-37

[12] 雷爱莲，文志民，颉敏杰等．柴油润滑性能试验方法研究[J]．汽车工艺与材料，2003，(6)：17-19

[13] 颉敏杰，雷爱莲，谢惊春等．柴油润滑性试验方法及对应性研究[J]．润滑油，2006，21(3)：42-46

[14] 胡泽祥，李春生，周立坤等．柴油润滑性问题的由来和研究现状[J]．石油学报(石油加工)，2005，21(1)：18-25

[15] 顾志敏，张武高，黄震．车用二甲醚燃料润滑性能的评定方法[J]．上海交通大学学报，2008，42(1)：142-146

[16] 胡建强，刘广龙，郑发正等．齿轮油抗磨添加剂的摩擦学性能研究[J]．材料保护，2004，37(9)：46-48

[17] 宋宇微，詹云玉．低硫柴油润滑性的模拟评定方法研究[J]．当代化工，2008，37(3)：261-264

[18] 闫兵，周敬忠．第四代铁路内燃机油四球长磨值与实际抗磨性能相关性分析[J]．润滑油，2002，17(2)：60-62

[19] 杨长江，陈国需，粟斌等．点接触方式纳米锌润滑添加剂自修复规律的研究[J]．摩擦学

学报, 2010, (4): 350-355

[20] 方凌, 胡恩柱, 徐玉福等. 发动机炭烟微粒对机油润滑特性的影响[J]. 润滑油, 2012, 27(4): 35-39

[21] 杨传富, 翟月奎, 侯育闯等. 发动机烟炱的生成及其对油品有关性能影响的试验方法研究[J]. 石油炼制与化工, 2006, 37(3): 40-44

[22] 林福严, 雷冀, 王力伟. 改造四球试验机进行摩擦系数测试[J]. 煤矿现代化, 2009, (6): 58-59

[23] 林福严, 张志华, 孙帅帅等. 工业齿轮油摩擦特性的初步研究[J]. 润滑与密封, 2011, 36(11): 15-18

[24] 夏青虹. 基础油组成对内燃机油抗磨性能的影响[J]. 润滑与密封, 2009, 34(9): 84-88

[25] 杜鹏飞, 宋世远, 蒲改霞等. 基于变速变负荷条件的润滑油抗磨性测试方法[J]. 润滑与密封, 2012, 37(10): 91-94

[26] 陈召宝, 刘莹, 王宗斌. 基于上下位机结构的四球摩擦试验机测控系统的研究[J]. 试验技术与试验机, 2008, 48(1): 35-38

[27] 林福严, 杨建华, 张志华等. 基于统计的润滑剂摩擦因数测试方法研究[J]. 润滑与密封, 2011, 36(4): 8-11

[28] 宋世远, 范新华. 几种油性极压剂在四球机上的性能及结果[J]. 润滑油, 1998, 13(4): 56-57

[29] 董元虎, 王稳, 王娇等. 甲醇汽油对汽油机油抗磨性影响的试验研究[J]. 润滑与密封, 2007, 32(4): 147-149

[30] 秦鹤年, 朱衍东. 金属加工用油抗磨性能的评定[J]. 润滑与密封, 2007, 32(5): 162-164

[31] 雷爱莲, 谢惊春, 徐小红等. 利用四球机考察含烟炱柴油机油的抗磨损性能[J]. 润滑油, 2012, 27(5): 16-19

[32] 王恒, 杨巧丽, 冷丽佳等. 绿色润滑油抗磨极压添加剂研究[J]. 润滑与密封, 2007, 32(1): 143-144

[33] 王善彰. 美国铁路柴油机油的综述[J]. 合成润滑材料, 2002, 29(3): 4-8

[34] 吴长彧, 马爽, 王栋等. 美国铁路柴油机油特点及我国现状[J]. 现代化工, 2014, (1): 14-17

[35] 李桂云, 刘岚, 陈刚等. 摩擦改进剂对改善燃油经济性的影响研究[J]. 润滑与密封, 2007, 32(4): 140-141

[36] 王国金, 李松洮. 摩擦磨损试验机对润滑剂承载能力测试结果的比较[J]. 润滑与密封, 1999, (5): 46-48

[37] 赵运才, 蔡伟松, 李伟. 摩擦学的研究与发展[J]. 江西理工大学学报, 2007, 28(3): 29-31

[38] 皮亚南，付廷龙．内燃机中缸套-活塞环的磨损与润滑综述[J]．江西科学，2009，27(6)：937-944
[39] 戚公财．浅谈车辆齿轮油的标准与质量控制[J]．汽车维修技师，2008，(9)：84
[40] 韦淡平．燃料润滑性研究三十年[J]．石油学报(石油加工)，2000，16(1)：31-39
[41] 颉敏杰，夏群英．润滑剂承载能力测定法 GB/T 3142 和 GB/T 12583 的对比[J]．石油商技，2007，25(3)：60-63
[42] 颉敏杰，夏群英，戴青．润滑剂承载能力测定法 GB/T3142 和 GB/T12583 对比[J]．润滑油与燃料，2007，17(1)：27-31
[43] 颉敏杰，夏群英．润滑剂承载能力测定法 GB/T 3142 和 GB/T 12583 的对比[J]．石油商技，2007，25(3)：60-63
[44] 温诗铸．润滑理论研究的进展与思考[J]．摩擦学学报，2007，27(6)：497-503
[45] 蔡继元，代立霞．润滑油摩擦系数测定法(四球法)研究[J]．润滑油，2001，16(5)：58-62
[46] 宋世远，于江，李子存等．润滑油性能对接触疲劳影响的研究[J]．润滑与密封，2000，(2)：52-53
[47] 胡大樾．设备润滑技术讲座(一)[J]．设备管理与维修，1991，(11)：34-35
[48] 胡大樾．设备润滑技术讲座(二)[J]．设备管理与维修，1991，(12)：28-30
[49] 吴江，陈波水，方建华等．生物柴油对内燃机油抗磨性能的影响研究[J]．润滑与密封，2008，33(12)：33-35
[50] 陈铭，孙德志．四球机改装的接触疲劳试验机及其应用[J]．润滑与密封，1997，(5)：35-39
[51] 钟光飞，关子杰．四球机指标的困惑[J]．石油商技，2000，18(4)：46-48
[52] 龚海峰，宋世远，史永刚等．四球摩擦试验机的智能化升级改造[J]．后勤工程学院学报，2006，22(2)：73-75
[53] 左黎．提高柴油润滑性的研究进展[J]．精细石油化工，2010，(3)：76-78
[54] 杨海宁，姚立丹，孙洪伟等．添加剂在复合锂基润滑脂中抗磨性能的研究[J]．石油学报(石油加工)，2011，27(z1)：71-75
[55] 韦淡平．我国柴油的润滑性——一个潜在的重要问题[J]．石油炼制与化工，2001，32(1)：37-40
[56] 熊春华，徐金龙，汤仲平等．基于均匀设计的 0W-40 高级别柴油机油配方研究[J]．润滑油，2011，(5)：55-60
[57] 李瑞波，纪红兵，戴恩期．一种二甲醚专用润滑性改进剂的性能研究[J]．润滑与密封，2007，32(12)：115-117
[58] 胡建强，胡役芹，江国光．一种高效极压抗磨复合添加剂[J]．合成润滑材料，2006，33(4)：18-22

[59] 仇延生，刘碚珠．用模糊数学方法研究四球机试验与梯姆肯试验的相关性[J]．润滑与密封，1989(4)：11-16

[60] 梅焕谋，李茂生．用四球机测试润滑性能的探讨[J]．润滑与密封，1993，(2)：29-31

[61] 王国庆，杨建军．用四球试验机评定柴油的润滑性[J]．石油商技，2005，23(1)：46-48

[62] 李美娟，陈国宏，陈衍泰．综合评价中指标标准化方法研究[J]．中国管理科学，2004，(z1)：45-48

[63] 赵正华，廖湘芸，雷爱莲等．柴油机油抗烟炱磨损性能研究[J]．润滑与密封，2013，38(5)：109-112

[64] 王国金，叶元凯．车辆齿轮油承载能力的估算[J]．润滑与密封，1999，(5)：2-4

[65] 颉敏杰，李彤．高档汽油机油抗磨损性能试验方法研究[J]．汽车工艺与材料，2006，(9)：19-22

[66] 颜皓，梁海萍，张法智．高碱值硫化烷基酚钙抗磨机制分析[J]．润滑与密封，2007，32(9)：100-102

[67] 颉敏杰，文志民，谢惊春等．高温氧化磨损性能试验方法在内燃机油研究中的应用[J]．汽车工艺与材料，2004，(10)：13-15

[68] 胡在勤．极压四球机上的磨损试验研究[J]．润滑油，1986，(1)：29-33

[69] 蔡继元．汽油机油氧化磨损性能试验方法研究[J]．石油炼制，1990，(8)：53-55

[70] 林福严，李静敏，李长亮．润滑剂摩擦因数测试方法初步探讨[J]．润滑与密封，2010，(9)：87-90

[71] 研究报告．梯姆肯 *OK* 负荷和四球机常规试验的相关性及其润滑状态分析[R]．石油化工科学研究院，1982

[72] 吴江，宋世远，张楠．应用均匀设计评定柴油的润滑性[J]．合成润滑材料，2004，31(3)：13-16

[73] 梁群，林楚喜．用 PB 值评价发动机油性能的合理性探讨[J]．石油商技，2010，28(2)：26-28

[74] 胡刚，田胜，高晓光．关于四球试验中钢球问题的探讨[J]．合成润滑材料，2013，(1)：20-23

[75] 王雁生．四球机摩擦磨损试验相关问题的探讨[J]．分析测试学报，2010，29：266-268

[76] 颉敏杰，朱文静，蒲晓琴等．影响四球机试验结果的主要因素探讨[J]．石油商技，2010，28(1)：81-83

[77] 孙凯燕，袁文明，林福严．四球实验和齿轮传动条件下油膜厚度的计算．第十一届全国摩擦学大会-兰州，1-3

[78] 颉敏杰，谢惊春，刘文俊等．自动传动液抗磨性能的评价方法[J]．合成润滑材料，2006，33(4)：11-14

[79] 徐敏．最大无卡咬负荷 PB 点判断方法的考察[J]．润滑油，1994，9(6)：35-39

[80] 杨永红，齐邦峰．柴油润滑性及润滑性添加剂的研究进展[J]．江苏化工，2007，35(2)：6-10

[81] 杜鹏飞，宋世远，蒲改霞等．基于变速变负荷条件的润滑油抗磨性测试方法[J]润滑与密封，2012，37(10)：91-94

[82] 杜鹏飞，宋世远等，变速变负荷条件下评定润滑油抗磨性的特征参数[J]石油炼制与化工，2013，44(2)：74-76

[83] 宋世远，徐景辉，杜鹏飞等．基于变转速的柴油抗磨性评定方法[J]．后勤工程学院学报，2014，30(5)：27-31